北京市生态保护红线优化技术研究

张译　杨伯钢　等　著

中国水利水电出版社
www.waterpub.com.cn
·北京·

内 容 提 要

　　本书是一本介绍北京市生态保护红线边界优化校核的书籍。本书在充分汲取国内外研究经验的基础上，以北京市生态保护红线划定成果为基础，对北京市生态保护红线需要校核的内容、数据依据、技术流程、校核指标、实施方案、精度要求、成果评价等方面进行了系统梳理，并以海淀区为例，详细介绍了生态保护红线优化校核的具体实施情况。北京市生态保护红线的优化校核成果为北京市生态环境保护及监测、国土空间用途管制、北京市生态文明建设提供了翔实的数据基础。

　　本书可作为生态环境、城市规划部门开展生态环境保护、国土空间用途管制活动时参考。

图书在版编目（CIP）数据

北京市生态保护红线优化技术研究 / 张译等著. --
北京 ： 中国水利水电出版社，2021.12
　　ISBN 978-7-5226-0425-1

　　Ⅰ．①北… Ⅱ．①张… Ⅲ．①生态环境保护－环境管理－研究－北京 Ⅳ．①X321.210.2

中国版本图书馆CIP数据核字(2022)第012893号

书　　名	北京市生态保护红线优化技术研究 BEIJING SHI SHENGTAI BAOHU HONGXIAN YOUHUA JISHU YANJIU
作　　者	张译　杨伯钢　等著
出版发行	中国水利水电出版社 （北京市海淀区玉渊潭南路 1 号 D 座　100038） 网址：www.waterpub.com.cn E-mail：sales@waterpub.com.cn 电话：(010) 68367658（营销中心）
经　　售	北京科水图书销售中心（零售） 电话：(010) 88383994、63202643、68545874 全国各地新华书店和相关出版物销售网点
排　　版	中国水利水电出版社微机排版中心
印　　刷	北京中献拓方科技发展有限公司
规　　格	170mm×240mm　16 开本　7.25 印张　108 千字
版　　次	2021 年 12 月第 1 版　2021 年 12 月第 1 次印刷
定　　价	**68.00 元**

《北京市生态保护红线优化技术研究》
编委会

主　编：张　译　杨伯钢

编　委：刘博文　崔亚君　余永欣　马明睿　龚　芸

　　　　武润泽　杨旭东　蔡雯雨　乔　青　许天豪

　　　　刘晓娜　郭　帅　赵　敏

生态保护红线是保障和维护国家生态安全的底线和生命线，必须强制性严格保护。划定并严守生态保护红线，是党中央、国务院作出的重大战略决策，是贯彻落实主体功能区制度、实施生态空间用途管制的重要举措，是提高生态系统服务功能、构建国家生态安全格局的有效手段，是健全生态文明制度体系、推动绿色发展的有力保障，对保护首都北京生态环境、维护生态安全具有重要作用。

党中央、国务院高度重视划定生态保护红线工作，先后形成了全国生态保护红线"一条线""一张图"的基本思路。生态保护红线包含在生态空间中，原则上按照禁止开发区域的要求进行管理，将具有特殊重要生态功能、必须强制性严格保护的森林、草原、湿地、海洋等生态空间，统一划入生态保护红线，最终形成生态保护红线全国"一张图"，实现生态安全、人民生产生活和国家可持续发展。

2011年12月，《国务院关于加强环境保护重点工作的意见》（国发〔2011〕35号）首次明确提出，在重要生态功能区、陆地和海洋生态环境敏感区、脆弱区等区域划定生态保护红线。

党的十八大报告在全局和战略的高度，把生态文明建设与经济建设、政治建设、文化建设、社会建设一道纳入中国特色社会主义事业总体布局，并对推进生态文明建设进行全面部署，要求全党全国人民更加自觉地珍爱自然、更加积极地保护生态。党的十九大报告提出了推进生态文明建设，"要坚持节约优先、保护优先、自然恢复为主"的方针。这一方针明确指出了推进生态文明建设的着力方向，是建设生态文明的重要指导方针，这要求我们在思想上更加重视生态文明建设，在实践中更好地推进生态文明建设，推动全社会牢固树立尊重自然、顺应自然、保护自然的生态理念，妥善解决既要生产发展又要生态良好的现实难题，进而实现中华民族永续发展。

党的十九大提出，建设生态文明是中华民族永续发展的千年大计，把坚持人与自然和谐共生作为新时代坚持和发展中国特色社会主义基本方略的重要内容，把建设"美丽中国"作为全面建设社会主义现代化强国的重大目标，把生态文明建设和生态环境保护提升到前所未有的战略高度，建设美丽中国，关乎人民福祉，关乎民族未来。党的十九大报告还在"坚持推动构建人类命运共同体"中提出，"构筑尊崇自然、绿色发展的生态体系"，把"美丽中国"从单纯对自然环境的关注，提升到人类命运共同体理念的高度。十九大报告明确到2035年达成"生态环境根本好转，美丽中国目标基本实现"的目标，"完成生态保护红线、永久基本农田、城镇开发边界三条控制线划定工作"。《中共中央 国务院关于全面加强生态环境保护 坚决打好污染防治攻坚战的意见》提出，到2020年，全面完成全国生态保护红线划定、勘界定标，形成生态保护红线全国"一张图"，实现一条红线管控重要生态空间。要加快划定并严守生态保护红线、环境质量底线、资源利用上线"三条红线"。在生态保护红线方面，要建立严格的管控体系，实现一条红线管控重要生态空间，确保生态功能不降低、面积不减少、性质不改变。

2020年10月29日，十九届五中全会通过《中共中央关于制定国民经济和社会发展第十四个五年规划和二〇三五年远景目标的建议》，该建议提出"推动绿色发展，促进人与自然和谐共生"。坚持绿水青山就是金山银山的理念，坚持尊重自然、顺应自然、保护自然，坚持节约优先、保护优先、自然恢复为主，守住自然生态安全边界。切实加快推动绿色低碳发展，强化国土空间规划和用途管控，落实生态保护、基本农田、城镇开发等空间管控边界，减少人类活动对自然空间的占用；完善自然保护地、生态保护红线监管制度，开展生态系统保护成效监测评估；构建生态文明体系，促进经济社会发展全面绿色转型，建设人与自然和谐共生的现代化。

生态保护红线是我国特有的概念，是结合我国生态保护实践，根据需要提出的创新性举措。生态保护红线的划定能够使国土空间开发、利用和保护边界更为清晰，明确哪里该保护，哪里能开发，对落实一系列生态文明制度建设具有重要作用。

2017年2月23日，习近平总书记考察北京工作时强调，要以资源环境承载力为硬约束，确定人口总量上限，划定生态红线和城市开发边界，落实到经济社会发展的中长期规划和年度计划中，落实到各类专项规划中，落实到控制性详细规划和城市设计工作中，以强有力的措施将城市规划的刚性约束执行到位。

2017年9月29日，备受关注的《北京城市总体规划（2016年—2035年）》正式发布，该规划提出：要强化生态底线管理，以资源环境承载力为硬约束，倒逼城市转型发展，将严守三条红线，即人口总量上限、生态控制线及城市开发边界，以总体规划为统领，以第三次国土资源调查成果为基础，在完成资源环境承载能力和国土空间开发适宜性评价、做好与"三线一单"（生态保护红线、环境质量底线、资源利用上线和生态环境准入清单）工作成果衔接的基础上，统筹推进和基本完成三条控制线（生态保护红线、永久基本农田、城镇开发边界）评估调整工作，并将自然保护地优化整合预案整体纳入生态保护红线评估调整成果。其中，要求至2020年，全市生态控制区面积约占市域面积的73%。

北京市委、市政府高度重视生态环境保护和建设工作，坚定不移贯彻新发展理念，将划定和严守生态保护红线作为北京市生态文明建设的重要内容予以推进。2017 年，编制完成《北京市生态保护红线划定方案》，明确了北京市划定并严守生态保护红线的指导思想、基本原则、主要内容和工作措施。2018 年 2 月，《北京市生态保护红线划定方案》获得国务院批准同意。

2018 年 7 月 12 日，经国务院批复同意，北京市政府正式印发了《北京市生态保护红线》。北京市生态保护红线面积 4290.75km²，占市域总面积的 26.1%，包含水源涵养、水土保持、生物多样性维护和重要河流湿地 4 种类型。北京市生态保护红线呈现为"两屏两带"分布格局。"两屏"指北部燕山生态屏障和西部太行山生态屏障；"两带"为永定河沿线生态防护带、潮白河-古运河沿线生态保护带。

2019 年 4 月，北京市人民政府印发《北京市生态控制线和城市开发边界管理办法》，优化城乡空间布局，严守生态控制线和城市开发边界，遵循生态空间面积不减少、功能不降低的原则，促进自然生态系统保护和修复，实现环境质量根本改善。2019 年 5 月，依据《关于划定并严守生态保护红线的若干意见》《生态保护红线划定指南》和《生态保护红线勘界定标技术规程（试点试行）》（环办生态函〔2018〕747 号），并对北京市生态环境状况进行充分调研后，北京市生态环境局、北京市测绘设计研究院、北京市环境保护科学研究院联合发布《北京市生态保护红线勘界定标技术规程》，以指导各区保护红线勘界定标工作。

本书以《北京城市总体规划（2016 年—2035 年）》《北京市生态保护红线》《北京市生态保护红线勘界定标技术规程》等文件为指导，开展北京市生态保护红线优化校核及相关研究工作，并最终完成北京市生态保护红线勘界定标，研究成果为构建北京市生态安全格局、推进生态文明建设奠定了坚实基础。

本书经过三年时间编写完成，是集体智慧的结晶。全书共分 9

章。本书在编写过程中得到了国家生态环境相关部门、北京市生态环境局及市属各区生态环境分局等行业相关专家的帮助和指导，也得到了承担单位和相关参与单位领导和同行的大力支持，在此表示诚挚的感谢！特别感谢北京市规划和自然资源委员会等相关单位以及北京市生态保护红线优化校核技术人员的支持！生态环境保护和测绘地理信息行业相关专家学者在本书出版过程中提出了大量宝贵意见，在此表示衷心的谢意！

　　由于时间及作者水平有限，本书不当之处恳请读者批评指正！

作者

2021 年 11 月

目 录

第1章 新时期生态文明建设形势

1.1 我国生态环境的发展理念

走向生态文明新时代，建设美丽中国，是实现中华民族伟大复兴的中国梦的重要内容。生态兴则文明兴，生态衰则文明衰。2012 年 11 月召开的党的十八大，深刻总结人类文明发展规律、自然规律和经济社会发展规律，把生态文明建设纳入中国特色社会主义事业"五位一体"总体布局，先后提出"建立系统完整的生态文明制度体系""用严格的法律制度保护生态环境"，确立了"绿色发展"的新理念。首次把"美丽中国"作为生态文明建设的宏伟目标。党的十八大报告提出：建设生态文明，是关系人民福祉、关乎民族未来的长远大计。面对资源约束趋紧、环境污染严重、生态系统退化的严峻形势，必须树立尊重自然、顺应自然、保护自然的生态文明理念，把生态文明建设放在突出地位，融入经济建设、政治建设、文化建设、社会建设各个方面和全过程，努力建设美丽中国，实现中华民族永续发展。

党的十九大报告指出：建设生态文明是中华民族永续发展的千年大计。必须树立和践行绿水青山就是金山银山的理念，像对待生命一样对待生态环境。坚定走生产发展、生活富裕、生态良好的文明发展道路，建设美丽中国，为人民创造良好生产生活环境，为全球生态安全做出贡献。党的十九大报告在总结党的十八大以来一系列生态文明建设理论和实践基础上，对生态文明建设和生态环境保护，又提出了一系列新思想、新要求、新目标和新部署。在新思想方面，提出生态文明建设是中华民族永续发展的千年大计、人与自然是生命共同体等重要论断；在新要求方面，明确了在"新社会矛盾"下提供更多优质生态产品以满足人民日益增长的优美生态环境需要；在新目标方面，提出到 2035 年建成美丽中国的目标；在新部署方面，提出要推进绿色发展、着力解决突出环境问题、加大生态系统保护力度、改革生态环境监管体制。

2020 年 10 月 26—29 日，中国共产党第十九届中央委员会第五次全体会议在北京举行。党的十九届五中全会，是一次制定二〇三五年远景目标、擘画"十四五"发展蓝图，引领我们迈向全面建设社会主义现代化国家新征程的重要会议。全会对生态文明建设和生态环境保护做出了决策部署，提出了新目标新任务，为新时代加强生态文明建设和生态环境保护工作提供了方向指引和行动指南。会议明确，要坚持绿水青山就是金山银山理念，坚持尊重自然、顺应自然、保护自然，坚持节约优先、保护优先、自然恢复为主，守住自然生态安全边界。深入实施可持续发展战略，完善生态文明领域统筹协调机制，构建生态文明体系，促进经济社会发展全面绿色转型，建设人与自然和谐共生的现代化。要加快推动绿色低碳发展，持续改善环境质量，提升生态系统质量和稳定性，全面提高资源利用效率。守住自然生态安全边界，关键是要牢固树立"两山"理念，积极探索绿色发展路径。"我们既要绿水青山，也要金山银山。宁要绿水青山，不要金山银山，而且绿水青山就是金山银山。"习近平总书记的这三句话从不同角度阐明了发展与保护的本质关系，指明了实现发展和保护协同共进的新路径。实践也一再证明，守住自然生态安全边界，保护好自然生态系统，创新思路举措，把生态环境优势转化成经济发展的优势，绿水青山就可以源源不断地带来金山银山。

1.2　面临的主要生态环境问题

1.2.1　创建森林城市——北京绿化建设任重道远

中华人民共和国成立初期，首都绿化生态系统、森林资源开始受到保护，然而在全面发展经济时期，城市森林资源受到严重破坏，"以粮为纲"政策致使山区退林还田，"去杂去劣"致使果林、林场、苗圃生产严重受损，许多大树、古树遭到砍伐，城市生态环境受到极大破坏。改革开放后大力开展植树造林，加强绿化工作，植被覆盖率有所提高，但由于北京山区多是石质山地，植物生长十分困难，森林蓄积量不高；平原地区虽建起较完整的农田防护林网，但少见成片森林；城区的摊大饼发展模式，绿地率一直不高，十八大以来由于各级政府重视才形成快速发展局面。

党的十八大以来习近平总书记对首都生态环境提出了新的要求，北京市围绕首都森林生态系统建设和治理大城市病，开启了首都生态建设高质量发展的新阶段，实施了以平原百万亩造林为主的大规模国土绿化和生态保护修复工程，全面提高了平原地区森林资源数量和质量，优化了北京森林生态系统格局，进一步丰富了城市公园、郊野公园、森林公园、湿地公园等居民休闲游憩空间。2017年，北京市委市政府提出了建设国家森林城市的目标，又启动实施了新一轮百万亩造林绿化、留白增绿等重大工程，开展大尺度城市森林与生态廊道建设以优化城市森林结构，注重大地植绿与心中播绿相结合传播生态文化，加快北京各区的森林城市建设，加强京津保、京张承地区的生态协同建设，助力京津冀地区打造国家级森林城市群。

2017年北京森林面积767665.10hm^2，森林覆盖率为43.00%，林木绿化率达61.01%。北京市绿化覆盖率48.42%、绿地率46.65%、人均公园绿地面积16.2m^2，人均绿地面积41m^2，公园绿地500m服务半径对中心城区覆盖率为41.68%，对居住区覆盖率为77%。城市绿化覆盖率、人均公园绿地面积等各项绿化指标大幅增长，但与森林城市的标准还存在一定的距离，与世界大都市相比仍存在明显差距。

1.2.2 城市环境污染严重——大气环境质量改善任务艰巨

随着经济的增长，环境污染越来越严重。以《环境空气质量标准》中"居民区的PM2.5年平均浓度小于等于35μg/m^3"为衡量标准进行衡量，2019年全国380个城市中仅有125个城市空气质量达标，仅占总数的32.89%。北京市空气中细颗粒物（PM2.5）年平均浓度值

为 $42\mu g/m^3$，超过国家二级标准（$35\mu g/m^3$）20％。党的十九大报告明确提出"加快生态文明体制改革，建设美丽中国"的观点，突出强调治理环境污染、推进绿色发展、加大生态系统保护的重要性。

进入 21 世纪后，北京市的经济、社会发展迅猛，同时也给大气环境质量带来了巨大的压力。1998 年以来，北京市连续采取了 16 个阶段的大气污染治理措施，如北京市人民政府先后发布《北京市 2013 年—2017 年清洁空气行动计划》《北京市打赢蓝天保卫战三年行动计划》等，随着一系列大气污染治理规划的实施，北京市的大气环境质量优良天数明显增加，重污染天数显著降低，主要污染物减排明显，但在大气环境质量改善方面，北京市仍面临艰巨任务。

1.2.3　水资源严重紧缺——节水调水保水治水不断推进

水资源是经济社会发展不可或缺的公益性、基础性、战略性资源。2011 年中央一号文件《中共中央　国务院关于加快水利改革发展的决定》更是将水资源的战略地位摆到了新的高度。

北京是一座水资源严重短缺的特大型城市。自 1999 年以来北京地区遭遇了历史罕见的连续干旱，随着上游用水需求的增长和气候变化，21 世纪以来，年可利用水量急剧减少，现状北京的人口规模和生产生活用水量远远超过了水资源承载力。北京市人均水资源占有量约 $285m^3$，只有全国人均水资源占有量的 1/7，世界水资源人均占有量的 1/30。在世界 120 多个国家和地区的首都及主要城市中北京的人均水资源占有量居百位之后，远远低于国际公认的人均 $1000m^3$ 的下限。首都人口、环境、经济社会发展与水资源的矛盾急剧凸显，很大程度降低了首都的持续发展能力。

为保障首都生活、生产用水需要，全市水务部门按照北京城市总体规划要求，严格落实节水优先战略，积极推进水资源保护与涵养工作，加快形成"用足中线、开辟东线、打通西部应急通道、加强北部水源保护"的水资源战略保障体系，"十三五"期间，北京市水资源储备显著增加，水资源形势得到极大改善，水生态持续向好。节水调水保水治水战略需不断推进，融入强化四个中心功能建设和提升四个服务水平之中，坚定不移地走出一条节水优先、生态优先、量水发展、绿色发展的高质量发展之路。

1.3　新时期首都生态文明建设的要求

《北京市城市总体规划（2016 年—2035 年）》中提出 2035 年发展目标：北京成为天蓝、水清、森林环绕的生态城市，坚持生态空间山清水秀，大幅度提高生态规模与质量。

保护和修复自然生态系统，维护生物多样性，提升生态系统服务。加强自然资源可持续管理，严守生态底线，优化生态空间格局。强化城市韧性，减缓和适应气候变化。整合生态基础设施，保障生态安全，提高城市生态品质，让人民群众在良好的生态环境中工作生活。构建多元协同的生态环境治理模式，培育生态文化，增强全民生态文明意识，实现生活方式和消费模式绿色转型。

划定生态控制线，以生态保护红线、永久基本农田保护红线为基础，将具有重要生态价值的山地、森林、河流湖泊等现状生态用地和水源保护区、自然保护区、风景名胜区等法定保护空间划入生态控制线。到 2020 年全市生态控制区面积约占市域面积的 73%。到 2035 年全市生态控制区比例提高到 75%，到 2050 年提高到 80% 以上。

划定永久基本农田保护红线，坚决落实最严格的耕地保护制度，坚守耕地规模底线，加强耕地质量建设，强化耕地生态功能，实现耕地数量质量生态三位一体保护。2020 年耕地保有量不低于 166 万亩。严格划定永久基本农田，按照依托现实、空间和谐、集中连片、不跨区界的原则，进一步调整优化 9 个基本农田集中分布区，2020 年基本农田保护面积 150 万亩。

划定并严守生态保护红线，以生态功能重要性、生态环境敏感性与脆弱性评价为基础，划定全市生态保护红线，占市域面积的 25% 左右。强化生态保护红线刚性约束，勘界定标，保障落地。

强化生态底线管理，严格管理生态控制区内建设行为，严格控制与生态保护无关的建设活动，基于现状评估分类制定差异化管控措施，保障生态空间只增不减。

加强生态保育和生态建设，统筹山水林田湖草等生态资源保护利用，严格保护生态用地，提升生态服务功能。山区开展整体生态保育和生态修复，加强森林抚育和低效林改造，提高林分质量。推进对泥石流多发区、矿山治理恢复区等重点地区的土地利用综合整治。平原地区重点提高绿地总量和质量，构建乔灌草立体配置、系统稳定、生物多样性丰富的森林生态系统，强化生态网络建设，优化生态空间格局。统筹考虑生态控制区内村庄长远发展和农民增收问题，建设美丽乡村。

加强浅山区生态修复和建设管控，加强沿平原地区东北部、北部及西部边缘浅山带的生态保护与生态修复，加大生态环境建设投入，鼓励废弃工矿用地生态修复、低效林改造等，提高生态环境规模和质量。加强规划建设管控，严控增量建设和开发强度，实施违建住宅、小产权房等存量建设的整治和腾退。推动浅山区特色小城镇和美丽乡村建设，将浅山区建设成为首都生态文明示范区。

《中共中央关于制定北京市国民经济和社会发展第十四个五年规划和二零三五年远景目标的建议》中指出，要大力推动绿色发展，进一步提升生态环境质量，提升生态环境空间容量。坚持山水林田湖草系统治理，增强森林湿地生态系统完整性、连通性，建立林长制。落实"三线一单"生态环境分区管控要求，实现生态空间只增不减。

1.4 生态文明的"五大体系"

（1）生态文化体系。生态文化是生态文明建设的灵魂。良好的生态文化体系包括人与自然和谐发展，共存共荣的生态意识、价值取向和社会适应。要加快建立健全以生态价值观念为准则的生态文化体系。树立尊重自然、顺应自然、保护自然的生态价值观，把生态文明建设放在突出地位，才能从根本上减少人为对自然环境的破坏。我们在处理人与自然的关系时，要坚守生态价值观，坚持"以人为本"的原则，并把这一原则贯穿到生态文化体系建设的全过程。尊重自然、保护自然，最终目的也是为了人类自身的生存与发展。对于普通老百姓来说，每天喝上干净的水，呼吸新鲜的空气，吃上安全放心的食品，生活质量越来越高，过得既幸福又健康，这就是百姓心中的梦。建立健全以生态价值观念为准则的生态文化体系要大力倡导生态伦理和生态道德，提倡先进的生态价值观和生态审美观，注重对广大人民群众的舆论引导，在全社会大力倡导绿色消费模式，引导人们树立绿色、环保、节约的文明消费模式和生活方式。只有当低碳环保的理念深入人心，绿色生活方式成为习惯，生态文化才能真正发挥出它的作用，生态文明建设就有了内核。

（2）生态经济体系。生态经济体系是生态文明建设的物质基础。要加快建立健全以产业生态化和生态产业化为主体的生态经济体系。绿水青山就是金山银山。保护生态环境就是保护生产力，改善生态环境就是发展生产力。只有坚持正确的发展理念和发展方式，才可以实现百姓富、生态美的有机统一。要构建以产业生态化和生态产业化为主体的生态经济体系，深化供给侧结构性改革，坚持传统制造业改造提升与新兴产业培育并重、扩大总量与提质增效并重、扶大扶优扶强与选商引资引智并重，抓好生态工业、生态农业、抓好全域旅游，促进一二三产业融合发展，让生态优势变成经济优势，形成一种浑然一体、和谐统一的关系。

（3）目标责任体系。要加快建立健全以改善生态环境质量为核心的目标责任体系。生态环保目标落实得好不好，领导干部是关键，要树立新发展理念、转变政绩观，就要建立健全考核评价机制，压实责任、强化担当。习近平指出："我们一定要彻底转变观念，就是再也不能以国内生产总值增长率来论英雄了，一定要把生态环境放在经济社会发展评价体系的突出位置。如果生态环境指标很差，一个地方一个部门的表面成绩再好看也不行，不说一票否决，但这一票一定要占很大的权重。"要建立责任追究制度，特别对领导干部的责任追究制度。对那些不顾生态环境盲目决策、造成严重后果的人，必须追究其责任，而且应该终身追究。真抓就要这样抓，否则就会流于形式。要针对决策、执行、监管中的责任，明确各级领导干部责任追究情形。

对造成生态环境损害负有责任的领导干部，不论是否已调离、提拔或者退休，都必须严肃追责。各级党委和政府要切实重视、加强领导，纪检监察机关、组织部门和政府有关监管部门要各尽其责、形成合力。一旦发现需要追责的情形，必须追责到底，决不能让制度规定成为没有牙齿的老虎。

（4）生态文明制度体系。保护生态环境必须依靠制度、依靠法治。只有实行最严格的制度、最严密的法治，才能为生态文明建设提供可靠保障。要加快建立健全以治理体系和治理能力现代化为保障的生态文明制度体系。这就要求从治理手段入手，提高治理能力，并要把资源消耗、环境损害、生态效益等体现生态文明建设状况的指标纳入经济社会发展评价体系，建立体现生态文明要求的目标体系、考核办法、奖惩机制，使之成为推进生态文明建设的重要导向和约束。党的十八届三中全会通过的《中共中央关于全面深化改革若干重大问题的决定》首次确立了生态文明制度体系，从源头、过程、后果的全过程，按照"源头严防、过程严管、后果严惩"的思路，阐述了生态文明制度体系的构成及其改革方向、重点任务。从制度上来说，我们要建立健全资源生态环境管理制度，加快建立国土空间开发保护制度，强化水、大气、土壤等污染防治制度，建立反映市场供求和资源稀缺程度、体现生态价值、代际补偿的资源有偿使用制度和生态补偿制度，健全生态环境保护责任追究制度和环境损害赔偿制度，强化制度约束作用。

（5）生态安全体系。生态安全关系到人民群众福祉、经济社会可持续发展和社会长久稳定，是国家安全体系的重要基石。建立生态安全体系是加强生态文明建设的应有之义，是必须守住的基本底线。要加快建立健全以生态系统良性循环和环境风险有效防控为重点的生态安全体系。首先就是要维护生态系统的完整性、稳定性和功能性，确保生态系统的良性循环；其次要处理好涉及生态环境的重大问题，包括妥善处理好国内发展面临的资源环境瓶颈、生态承载力不足的问题，以及突发环境事件问题，这是维护生态安全的重要着力点，是最具有现实性和紧迫性的问题。

生态文明的"五大体系",系统界定了生态文明体系的基本框架,指出了构建生态文明体系的思想保证、物质基础、制度保障以及责任和底线。"五个体系"不但是建设美丽中国的行动指南,也为构建人类命运共同体贡献了思想和实践的"中国方案"。

第 2 章　生态保护红线国内外研究现状

2.1　国外研究现状

　　生态保护红线是在我国生态保护、规划、管理和科学研究过程中逐渐产生和发展起来的，并已上升为国家生态安全战略的生态环境保护理念。国际上虽然没有生态保护红线的概念，但"红线"思想已在生态保护与管理中得到广泛应用。它的雏形可追溯到英国的"绿带"（greenbelt），其思想在 19 世纪末首次出现在霍华德的著作《明日的田园城市》中。他主张在城市外围应建有永久性的绿地，供农业生产使用，以此来抑制城市的蔓延扩张。1938 年，英国实施了《绿带法》，用法律形式来保护伦敦和附近各郡城市周围的大片地区。这标志着绿带从一种空间模式成为引导城市有序扩张的空间政策。20 世纪 40 年代，欧洲环境保护战略要求各成员国从以地区或区域为基础的管理方式转向以生态系统为基础的管理方式，即在生态系统综合风险评估的基础上，以生态系统健康为中心，确定保护范围、方法和监管措施。系统保护规划作为国际主流的保护规划方法，其科学本质与生态保护红线接近，特别是其中确立保护优先区的环节，本质上就是生态保护红线。不同的是，这个优先区范围必须经过政策和法律的认可才会作为生态保护优先区管理。美国环境保护部门 2014 年发布的《暴露评估指南》，其中重要的方法是环境风险评估，根据风险评估确定保护区域和保护措施，并评估保护效果。此后，许多国家通过建立各种自然保护区来实现保护生态环境的目标。尽管各类保护区的保护重点不同，但是一般是具有重要生态功能或生态敏感的区域。实质上，国外生态保护研究关注生态系统健康、风险、生态敏感性，各级各类保护地的建立及其保护实践已经体现了生态保护红线的理念。

许多国家在制定自然资源的保护规划和政策方面，有国家公园、生态保护地、特别保育区、特殊保护地等提法和实践。主要聚焦在 3 个方面：①如何划定生态保护区域；②如何更加有效地评价生态保护地的保护效果；③如何构建保护地网络。学术界对于如何划定生态保护区域及划分其类型存在着分歧。有学者认为要从生态要素的空间定位来界定生态保护地，如森林、湖泊、草地、湿地、农田等块状用地，河流、绿色走廊、沿海滩涂等线状或带状生态保护地；还有学者认为要遵循"生态功能决定论"，即从土地生态功能角度来定义生态保护地，认为凡是具有生态服务功能、对于生态系统和生物生境保护具有重要作用的土地都可视为生态保护地区域；而"主体功能决定论"的支持者则认为要从土地主体功能角度来定义生态保护地、生产和生活用地。综合来看，大多数学者倾向认为应从"功能"的角度来决定生态保护的划定区域及其类型。

国外的生态安全格局大多以自然保护地的形式进行构建，保护地系统也是国际上最为广泛认可的生态保护系统。但是，人们起初对保护地的保护主体内容存在诸多争论。随着世界自然保护联盟（International Union for Conservation of Nature，IUCN）对于全球自然保护体系建设的大力推动，"保护地"实现了标准化分类，并被明确定义为：一个具有明确范围的、可识别并管理的地理空间，可通过法定的或其他有效方法，实现对其与自然相关的生态系统服务和文化价值的长期保护。

世界上已有 188 个国家和地区参照 IUCN 的保护地分类体系划定了生态保护地范围，但各国在保护地的命名、面积大小等方面均存在较大的差异，大多数国家的保护面积比例低于 5%，说明在全球范围内保护地规模和面积仍有待提高。从陆域保护地占国土面积的比例来看，主要分为 3 个等级：①具有较高生态保护地面积比例的国家，其保护地所占比例超过 20%，如中美洲和南美洲等的国家。②中等生态保护地面积比例国家，主要分布在北美、东亚、东南亚、非洲东南部、加勒比地区与巴西，其保护地占国土面积的比例一般为 10%～20%；欧洲因包含广阔的西伯利亚地区，故陆域保护地占国土面积的比例被拉低，只有 12.4%，实际上欧盟地区陆域保护地占国土面积的比例要高于 15%。③生态保护地面积比例较少的国家，大洋洲、北非和中东、北亚及南亚等国家则属于这一类，其陆域保护地占国土面积的比例小于 10%。

一些国家和地区在参照 IUCN 保护地分类体系的基础上，结合本国或地区生态环境特点，建立了本国或地区的自然生态保护地（区）系统。美国作为世界上最早建立自然保护区的国家，已经建立起以国家公园、国家荒野保护地、国家森林（包括国家草原）、国家野生生物避难地、国家海洋避难地和江河口研究保护地、国家自然与风景河流等 6 种保护地体系为核心，以土地利用等管理为辅助的自然生态保护体系，其陆地保护地区域约 150 万 km^2，相当于美国陆地面积的 16%。德国自然生态保护地面积占其国土面积比例高达 25% 以上：85 个自然公园，占国土面积的 16%；12 个国家公园和 5171 个自然保护区，占国土面积的 3.8%；12 个生物圈保护区，占国土面积的 3.2%；580 个原始森林保护区，占国土面积的 4.5%。日本自然生态保护地总面积达到 54091km^2，约占日本国土总面积的 14.37%。加拿大国土和内陆水域的 10%（即 1003818km^2）以及海域的 0.7%（即 49326km^2）已经被划入自然生态保护地体系。在俄罗斯，保护地体系面积为 192 万 km^2，占国土总面积的 11%。

2.2 国内研究现状

国内生态保护红线的发展可以分为两个阶段，即 2011 年以前的萌芽阶段和 2011 年以后的快速发展阶段。前期阶段，生态保护红线多以控制区、控制线等形式出现，其早期雏形是区域生态规划中的红线控制区。例如，2000 年浙江省安吉县生态规划采用了红线控制区的概念；《珠江三角洲环境保护规划纲要（2004—2020 年）》将自然保护区的核心区和重点水源涵养区等区域划为红线区，实行严格保护；《深圳市基本生态控制线管理规定》提出了基本生态控制线，包括一级水源保护区、风景名胜区和自然保护区等。同时，还有学者探讨了土地利用总体规划中生态红线的划分方法。2011 年，《国务院关于加强环境保护重点工作的意见》首次以政府文件形式，提出在重要生态功能区、陆地和海洋生态环境敏感区、脆弱区等区域划定生态红线；2013 年，划定生态保护红线成为深化改革的重要任务之一；2014 年 4 月，"划定生态保护红线，实行严格保护"被纳入《中华人民共和国环境保护法》。此后，生态保护红线由单一的区划研究向基础理论、划定方法，特别是管理措施等方向发展，研究趋势更加具有综合性、多维性与实用性，由生态保护的理念转变到国家意志主导下的划定实践。

国内类似于"生态保护红线"概念的管控措施有自然保护区、郊野公园、基本生态控制线、生态功能区及主体功能区等，其中，21 世纪初被广泛运用实践的基本生态控制线被认为是生态保护红线的原形。2013 年 8 月，江苏省率先推出了《江苏省生态红线区域保护规划》，主要以《全国主体功能区规划》为基本依据，实施生态空间保护和管控细化，提出分区与分级双管理，划定 15 大类 779 块生态红线区域，总面积 2.41 万 km²，占全省总面积的 22.2%。内蒙古、江西、湖北、广西四省（自治区）作为生态红线划定试点省份，在红线划定工作方面也已取得一定成绩，各试点省（自治区）生态红线控制的区域面积平均达到该省（自治区）或特定区域总面积的 20%左右。内蒙古生态红线区域涵盖重要生态功能区的极重要区域和生态环境极其敏感与脆弱区域，面积为 28.46 万 km²，占全区面积的 24.1%。2014年，在《江苏省生态红线区域保护规划》的基础上，南通市颁布实施《南通市生态红线区域保护规划》，与之相配套的《南通市生态红线区域保护监督管理暂行办法》《南通市生态红线区域保护专项资金管理暂行办法》也同步施行，强化了生态红线区域规划的顺利实施。2014年厦门市通过《厦门经济特区生态文明建设条例》，随后出台《厦门市各区、市直部门党政领导班子综合考核评价办法（试行）》，引导各级党政部门树立正确政绩观；《厦门市生态文明建设评价考核制度》和《厦门市生态文明建设考核实施方案》率先将各区、部省属驻厦部门、市直部门、重点企业纳入生态文明建设和环境保护目标责任制考核，权重达到了 22％以上，并实行生态文明建设一票否决和表彰奖励制度，为生态文明建设提供强有力的组织保障。同年，《海南生态红线区域保护规划》编制工作正式启动。为尽快制定落实海岸线利用和保护规划，海南省计划出台《海南省海洋功能区划》和《海南省海岸带总体规划》，旨在通过技术更新、制度创新、观念转换和能力建设去促进生命支持系统功能和居民的健康得到最大限度的保护。2017 年年底前，京津冀区域、长江经济带沿线各省（直辖市）划定生态保护红线；2018 年年底前，其他省（自治区、直辖市）划定生态保护红线；2020 年年底前，全面完成全国生态保护红线划定，勘界定标，基本建立生态保护红线制度。

随着国家对生态文明建设的推进，生态保护红线的相关研究得到了较大的进展，并积累了一定数量的科研成果，生态保护红线涉及领域包括生态、土地、政策、法律、测绘等，学者们在各自领域发表了相关文章。根据中国知网中检索出的关于生态保护红线学位论文的产出图（见图 2.1），2010—2013 年处于萌芽期，2014—2015 年学位论文数量稳步增加，2016—2018 年为学术论文产出数量高速增长期，此阶段每年发表学术论文在 40 篇以上。2019 年学位论文数量下降，发表 22 篇。关于生态保护红线的学科专业主要集中在马克思主义理论与思想政治教育（17 篇），环境与资环保护法学（17 篇），城市规划与设计（含风景园林规划与设计）（14 篇），土地资源管理（14 篇），

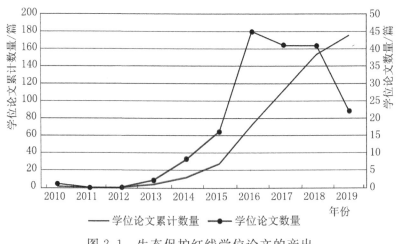

图 2.1　生态保护红线学位论文的产出

环境科学（9 篇）等。这些研究成果受到了国家自然科学基金（4项），国家科技支撑计划（2项），国家科技重大专项（1项），北京市自然科学基金（1项），山东省自然科学基金（1项）等国家或者省部级基金的支持。

从生态保护红线期刊论文产出图分析（见图 2.2），国内生态保护红线研究在 2005—2011 年属于领域内萌芽期，此期间国内对该领域内关注略少。2012—2013 年，发表期刊论文数量稳步上升。2014—2018 年为发表论文数量快速增长期，此阶段为论文发表阶段峰值，2014—2018 年每年论文发表数量在 160 篇以上。2019 年开始出现下降，论文数量下降到 110 篇。关于生态保护红线的学科主要分布在工程技术Ⅰ辑（402 篇），经济与管理学（223 篇），农业科技（129 篇），社会科学Ⅰ辑（140 篇），工程技术Ⅱ辑（103 篇），基础科学（95篇），社会科学Ⅱ辑（53 篇）。这些研究成果得到了国家自然科学基金（47 篇），国家社会科学基金（39 篇），湖南省教委科研基金（5篇），国家重点基础研究发展计划（973 计划）（4 篇），中国博士后科学基金（3 篇）等国家或省部级基金的支持。

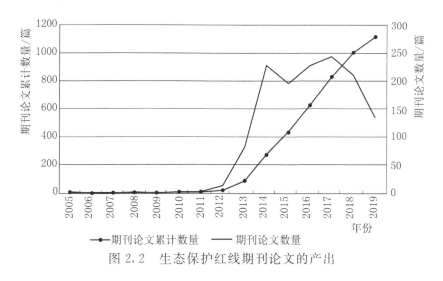

图 2.2　生态保护红线期刊论文的产出

综合期刊和学术论文，在 2012 年党的十八大提出把生态文明建设放在突出地位，之后，期刊论文及学位论文发表数量开始增加，2014 年环境保护部印发了《国家生态保护红线——生态功能基线划定技术指南（试行）》文件。在中国首个生态保护航线纲领性技术指导文件引导下，2014—2018 年期刊和学位论文进入高速发表阶段，在相关学科领域得到了发展，生态保护红线相关人才也得到了培养。当前生态保护红线研究还处在增长进行阶段，主要学科包括管理学类、理学类、工学类、法学类等。在今后的研究中，各学科之间交叉研究可以使生态保护红线研究更全面。从当前主题看，随着生态保护红线工作进一步推进，国家政策对生态保护红线研究有方向性影响，今后在保护对策、产业升级等方面会有进一步研究。

2.3　当前研究不足

2018 年全国生态环境保护大会明确，生态文明建设正处于压力叠加、负重前行的关键期，已进入提供更多优质生态产品以满足人民日益增长的优美生态环境的攻坚期，迫切需要划定生态保护红线，制定专门的管理办法，控制开发强度、调整空间结构、构建国家和区域生态安全格局，实现生态经济社会的可持续发展。我国生态保护红线的划定和管理工作刚刚起步，生态保护红线与其他自然保护地协同不足，生态保护红线内包含部分自然保护区、森林公园、风景名胜区等，且不同类型自然保护地之间也存在相互交叉重叠。生态保护红线与空间规划对接不充分，造成各类规划中范围不一致的问题。同时，目前对生态保护红线的研究多集中于生态保护红线的划定办法、理论研究及管理政策研究等方面，而对生态保护红线的校核、精准落地研究较少，且未关注生态保护红线数据本身的问题，致使针对生态保护红线存在的破碎化、精度低、完整性差等问题的解决方案较少。对影像数据进行一系列预处理，造成了监测信息获取滞后，对于一些违法活动不能及时监控处理。后续还应进一步加强生态保护红线及相关政策实施的回顾性评价和有效性评估，以不断调整和完善政策框架，真正发挥保护生态底线的作用。

第3章 北京市生态保护红线

生态保护红线是中国在环境保护方面的一项制度创新，其目的是维护国家和区域的生态安全，保障人民群众的健康，实现社会经济的可持续发展，本质是维护国家或区域生态安全和可持续发展。生态保护红线是根据生态系统完整性和连通性的保护需求而划定的需实施特殊保护的区域。

北京市深入贯彻习近平生态文明思想和习近平总书记对北京生态环境建设重要讲话精神，践行"绿水青山就是金山银山"理念，全面统筹推进污染防治攻坚战，出台全面加强生态环境保护坚决打好污染防治攻坚战的意见，围绕蓝天、碧水、净土三大保卫战制订实施年度行动计划。在全市上下的共同努力下，在周边省份的协同共治下，生态环境建设取得了阶段性成果，实现了首都生态环境质量的持续大幅改善，人民群众的生态环境获得感、幸福感和安全感不断提升，为全面建成小康社会增添了亮丽底色，和谐宜居环境渐成现实，生态文明建设也正加速前行。把过去脏乱差的治理"洼地"，建成人们争相打卡的网红公园；把被中央生态环境保护督察列为整改重点的河道污水处理厂，改造为生态环境良好的城市绿地；把具有典型"邻避效应"的重污染厂区，打造成人们争相观光赏玩的休闲景点，成为公开接受所有人检验的生态环境治理地标。北京环境治理成效初显的背后，是北京市所付出的努力，以及其背后隐藏着的环境治理"绿色辩证法"。

3.1 区域概况

3.1.1 人文地理概况

北京，简称"京"，古称燕京、北平，是中华人民共和国的首都、直辖市、国家中心城市、超大城市，是中国的政治中心、文化中心、国际交往中心、科技创新中心，是世界著名古都和现代化国际城市，也是中华人民共和国中央人民政府和全国人民代表大会的办公所在地。

北京位于华北平原北部，介于东经115.7°~117.4°，北纬39.4°~41.6°，中心位置东经116°20′、北纬39°56′，东与天津毗连，其余均与河北相邻，毗邻渤海湾，上靠辽东半岛，下临山东半岛，总面积16410.54km²。截至2019年9月，北京市下辖东城区、西城区、朝阳区、丰台区、石景山区、海淀区、门头沟、房山区、通州区、顺义区、昌平区、大兴、怀柔区、平谷区、密云区、延庆区16个市辖区。

北京地势西北高、东南低。西部、北部和东北部三面环山，东南部是一片缓缓向渤海倾斜的平原。山区面积约10200km²，约占总面积的62%，平原区面积约为6200km²，约占总面积的38%。北京市平均海拔43.5m。北京平原的海拔高度在20~60m，山地一般海拔1000~1500m。北京西部为西山属太行山脉；北部和东北部为军都山属燕山山脉。最高的山峰为京西门头沟区的东灵山，海拔约2303m。最低的地面为通州区东南边界。两山在南口关沟相交，形成一个向东南展开的半圆形大山弯，人们称之为"北京湾"，它所围绕的小平原即为北京小平原。如古人所言："幽州之地，左环沧海，右拥太行，北枕居庸，南襟河济，诚天府之国。"北京天然河道自西向东贯穿五大水系：拒马河水系、永定河水系、北运河水系、潮白河水系和泃河水系。多由西北部山地发源，向东南蜿蜒流经平原地区，最后分别在海河汇入渤海（蓟运河除外）。北京没有天然湖泊。北京市有水库85座，其中大型水库有密云水库、官厅水库、怀柔水库、海子水库。

截至2019年年末，北京市常住人口2153.6万人，城镇人口1865万人，城镇化率86.6%，常住外来人口达794.3万人。2020年，北京市全年实现地区生产总值36102.6亿元，按可比价格计算，比上年增长1.2%。

3.1.2 生态环境概况

根据 2015 年发布的《全国生态功能区划（修编版）》，北京涉及京津冀北部水源涵养重要区和太行山区水源涵养和土壤保持重要区两个重要生态功能区，门头沟区、平谷区、怀柔区、密云区、延庆区以及昌平区和房山区的山区部分为北京市的生态涵养区，是京津冀协同发展格局中西北部生态涵养区的重要组成部分，是北京的大氧吧，是保障首都可持续发展的关键区域。其占全市面积的 2/3 以上，在水源涵养、水土保持和生物多样性维护等方面具有重要的生态功能。此外，北京市强化西北部山区重要生态源地和生态屏障功能，通过河流水系、道路廊道、城市绿道等绿廊绿带相连接，构建"一屏、三环、五河、九楔"的市域绿色空间结构。

（1）一屏：山区生态屏障。

充分发挥山区整体生态屏障作用，加强生态保育和生态修复，提高生态资源数量和质量，严格控制浅山区开发规模和强度，充分发挥山区水源涵养、水土保持、防风固沙、生物多样性保护等重要生态服务功能。

（2）三环：一道绿隔城市公园环、二道绿隔郊野公园环、环首都森林湿地公园环。

推进第一道绿化隔离地区公园建设，力争实现全部公园化；提高第二道绿化隔离地区绿色空间比重，推进郊野公园建设，形成以郊野公园和生态农业为主的环状绿化带；合力推进环首都森林湿地公园建设。

（3）五河：永定河、潮白河、北运河、拒马河、泃河为主构成的河湖水系。

以五河为主线，形成河湖水系绿色生态走廊。逐步改善河湖水质，保障生态基流，提升河流防洪排涝能力，保护和修复水生态系统，加强滨水地区生态化治理，营造水清、岸绿、安全、宜人的滨水空间。

（4）九楔：九条楔形绿色廊道。

打通九条连接中心城区、新城及跨界城市组团的楔形生态空间，形成联系西北部山区和东南部平原地区的多条大型生态廊道。加强植树造林，提高森林覆盖率，构建生态廊道和城镇建设相互交融的空间格局。

按照《北京城市总体规划（2016 年—2035 年）》要求，全市以生态文明示范创建为重要抓手，探索统筹推进五位一体总体布局的地方实践以及绿水青山就是金山银山的转化路径。继延庆区之后，2019 年门头沟区、密云区分别荣获第三批"绿水青山就是金山银山"实践创新基地、第三批国家生态文明建设示范市县称号。延庆打造两山小院，宣传绿水青山就是金山银山理念，发展冰雪运动等绿色高精尖产业，凝练形成点绿成金的延庆经验，近 30％的农村劳动力实现了生态就业。密云水库稳步提升水源涵养功能，2019 年过境候鸟总量比 2005 年增加了 2 倍多，万余候鸟成为水库湿地常客。门头沟持续守好绿水青山，彻底终结千年采煤史，永定河山峡段 40 年来首次实现不断流。

截至 2019 年年底，全市共有各级各类自然保护地 79 个，其中，自然保护区 21 个，总面积 13.38 万 hm^2，占全市国土面积的 8.4％。拥有国家级自然保护区 2 个，市级自然保护区 12 个。全市着力拓展生态空间，增加生态环境容量。注重提升城市森林体系的整体性和连通性，完成新一轮百万亩造林绿化 25.8 万亩，全市森林覆盖率达到 44％。坚持留白增绿，提升城市生态环境品质，完成绿化 1686 hm^2，建成城市休闲公园 24 处、小微绿地和口袋公园 60 处、建设城市森林 13 处，人均公共绿地面积达到 16.4 m^2。按照《生态环境状况评价技术规范》（HJ 192—2015）评价，全市生态环境状况级别为良，生态环境状况指数（EI）为 69.7，比上年提高 1.9％，连续五年持续改善。首都功能核心区生态环境状况指数比上年提高 13.3％，城市副中心生态环境状况指数比上年提高 3.8％，分别比全市平均增幅高 11.4 个百分点和 1.9 个百分点。生态涵养区稳定保持优良的生态环境，其中怀柔区、密云区和延庆区生态环境状况级别达到优。

3.2 划定背景

党中央、国务院高度重视划定生态保护红线工作。2011 年,《国务院关于加强环境保护重点工作的意见》(国发〔2011〕35 号) 首次明确提出,在重要生态功能区、陆地和海洋生态环境敏感区、脆弱区等区域划定生态保护红线。

2013 年 11 月,党的十八届三中全会明确提出建立生态文明制度和划定生态保护红线的要求,把划定生态保护红线作为改革生态环境保护管理体制、推进生态文明建设最重要、最优先的任务。

2014 年印发《国家生态保护红线——生态功能基线划定技术指南(试行)》,标志着全面开展生态保护红线划定工作,体现了推进主体功能区规划、实行最严格的源头保护制度、改革生态环境保护管理体制的行动导向;2015 年印发《生态保护红线划定技术指南》,就国家层面划定全国生态保护红线给出了技术参考。

2015 年,划定并严守生态保护红线相继写入《中共中央 国务院关于加快推进生态文明建设的意见》和《生态文明体制改革总体方案》。

2017 年 1 月 24 日,中共中央办公厅、国务院办公厅印发《关于划定并严守生态保护红线的若干意见》,明确了划定和严守生态保护红线的指导思想、总体目标和基本原则,指出生态保护红线是国家生态安全的底线和生命线,核心是要实现一条红线管控重要生态空间,确保生态功能不降低、面积不减少、性质不改变。地方各级党委和政府是严守生态保护红线的责任主体;要加强组织协调,强化监督执行,形成划定严守生态保护红线的工作格局;要因地制宜,出台相应的生态保护红线管理地方性法规。2017 年年底前,京津冀区域、长江经济带沿线各省(直辖市)划定生态保护红线;2018 年年底前,其他省(自治区、直辖市)划定生态保护红线;2020 年年底前,全面完成全国生态保护红线划定,勘界定标,基本建立生态保护红线制度。生态保护红线上升为国家战略。

2018 年 6 月 16 日，《中共中央 国务院关于全面加强生态环境 保护坚决打好污染防治攻坚战的意见》，再次强调：到 2020 年，全面完成全国生态保护红线划定、勘界定标，形成生态保护红线全国一张图，实现一条红线管控重要生态空间。

3.3　划定的目标及意义

划定生态保护红线是维护国家生态安全的需要。由于经济社会活动对自然利用强度不断加大，我国自然生态系统受挤占、破坏的情况日趋严重，呈现出由结构性破坏向功能性紊乱的方向发展。我国草地生态系统退化趋势明显；湿地仍在萎缩，生态系统服务功能持续下降。比如甘南水源涵养重要生态功能区生态服务能力下降了 30% 左右；黑河下游防风固沙重要生态功能区生态服务能力下降了近 40%。只有划定生态保护红线，按照生态系统完整性原则和主体功能区定位，优化国土空间开发格局，理顺保护与发展的关系，改善和提高生态系统服务功能，才能构建结构完整、功能稳定的生态安全格局，从而维护国家生态安全。

划定生态保护红线是不断改善环境质量的关键举措。随着经济社会发展和人民生活水平提高，人民群众对环境质量的要求和期待不断提升。目前，我国生态环境质量持续改善，但改善程度距离老百姓对美好生活的期盼、距离建设美丽中国的目标还有差距，生态环境保护仍然面临着严峻的形势，仍然肩负着艰巨的任务。2019 年全国地级及以上城市 PM2.5 平均浓度为 $36\mu g/m^3$，距离国家二级标准还差 $1\mu g/m^3$；京津冀及周边地区、汾渭平原 PM2.5 平均浓度都为国家二级标准的 1.6 倍左右，区域空气重污染过程时有发生；全国仍有 65 个国考断面水质为劣 V 类，黄河、淮河、辽河、海河和松花江流域水质总体仍为轻度污染；全国地级及以上城市中，有 72 个集中式生活饮用水源存在不同程度的超标情况；地下水水质总体上并不乐观；全国近岸海域仍有 13 个海湾春、夏、秋三期监测均出现劣 IV 类水质，仍有 8 个入海河流断面水质为劣 V 类；中西部地区自然生态比较脆弱。划定并严守生态保护红线，将环境污染控制、环境质量改善和环境风险防范有机衔接起来，才能确保环境质量不降级、并逐步得到改善，从源头上扭转生态环境恶化的趋势，建设天蓝、地绿、水净的美好家园。

划定生态保护红线有助于增强经济社会可持续发展能力。我国人均耕地资源、森林资源、草地资源分别约为世界平均水平的 39%、23% 和 46%，大多数矿产资源人均占有量不到世界平均水平的一半。城镇化是未来我国经济社会发展的必然趋势，2020 年，城镇化率达到 60% 左右，日后资源环境的压力还将进一步加大。据研究，建设用地增加率是城镇化水平提高率的 1.56 倍，城镇人口人均能耗是农村人口的 1.54 倍。有研究表明，我国土地资源合理承载力仅为 11.5 亿人，现已超载，我国已有 600 多个县突破了联合国粮农组织确定的人均耕地面积 0.8 亩的警戒线。划定生态保护红线，引导人口分布、经济布局与资源环境承载能力相适应，促进各类资源集约节约利用，对于增强北京市经济社会可持续发展的生态支持能力具有极为重要的意义。

人的生存发展不能违背自然规律。自然生态是人类社会赖以生存发展的基础条件和基本要素，自然生态的破坏、失衡，不仅会严重影响到人类的生存发展，而且还可能会彻底毁灭人类。所以说，生态保护红线对于维护国家或区域生态安全及经济社会可持续发展具有关键作用，其战略地位十分重要，必须实行严格保护。生态保护红线的划定是推进生态文明建设的重要举措，是优化国土空间开发格局的根本，是中国生态环境保护制度的重要创新。

生态保护红线是中国在环境保护方面的一项制度创新，其目的是维护国家和区域的生态安全，保障人民群众的健康，实现社会经济的可持续发展，本质是维护国家或区域生态安全和可持续发展。生态保护红线是根据生态系统完整性和连通性的保护需求而划定的需实施特殊保护的区域。

3.4　划定情况

北京市于 2017 年开展了生态保护红线划定工作，2018 年 7 月，经国务院批复同意，北京市政府正式向全社会公开发布了北京市生态保护红线。

北京市生态保护红线总面积 4290.52km²，占北京市区划面积的 26.1%，呈现"两屏两带"的空间分布格局。"两屏"指北部燕山生态屏障和西部太行山生态屏障；"两带"指永定河沿线生态防护带、潮白河-古运河沿线生态保护带，按照主导生态功能，划分为生物多样性维护、水土保持、水源涵养和重要河湖地 4 个类型 11 个区块。北京市生态保护红线主要分布在除东城区和西城区以外的 14 个区。其中面积最大的是密云区，占地面积为 1106.69km²，占全市生态红线面积的 25.80%；其次是怀柔区，面积为 856.15km²，占全市生态红线面积的 19.96%；面积最少的是朝阳区，约为 3.35km²，约占全市生态红线面积的 0.07%。

3.5 优化校核方向

北京市生态保护红线划定工作已完成阶段性目标任务，总体上生态保护红线的技术方法、方案得到各方的认可。但由于一些历史遗留问题、当时所用数据偏差和现在管控原则更新等因素，划定后的生态保护红线存在锯齿状、龙须状等不规则边界，永久基本农田、矿产资源、村镇居民点等生产建设用地的扣除存在偏差。同时，既有的生态保护红线与交通、市政等部门的规划设施建设也存在矛盾，导致原始生态保护红线的精度和现势性均无法满足要求。需要用最新的数据和要求进行评估再识别，按先减法再加法的原则，对原有红线划定方案予以优化。生态保护红线优化校核不是推倒重来、重新划定，而是针对问题、解决问题、优化完善。生态保护红线评估工作要确保原来划定的生态保护红线面积不减少、功能不降低、性质不改变。

第4章 工作原则及相关要求

4.1 指导思想

全面贯彻落实党的十九大精神，坚持以习近平新时代中国特色社会主义思想为指引，紧紧围绕统筹推进五位一体总体布局和协调推进四个全面战略布局，牢固树立并切实贯彻新发展理念，认真落实党中央、国务院决策部署，按照优化国土空间功能格局、推动经济绿色转型、改善人居环境的基本要求，以改善生态环境质量为核心，以保障和维护生态功能为主线，结合区域自然生态状况，在重要生态功能区、生态敏感区划定对保障区域生态安全有重要意义的生态保护红线区域，划定并严守生态保护红线，制定生态保护措施，切实加强保护与监管，提升生态文明建设水平，实现一条红线管控重要生态空间，确保生态功能不降低、面积不减少、性质不改变，维护国家生态安全，促进经济社会可持续发展。

4.2 优化依据

优化依据包括法律法规、标准规范和相关规划及文件 3 部分。

4.2.1 法律法规

《中华人民共和国城乡规划法》（2008 年 1 月 1 日实施）
《中华人民共和国土地管理法》（2020 年 1 月 1 日实施）
《中华人民共和国环境保护法》（2015 年 1 月 1 日实施）
《中华人民共和国矿产资源法》（2009 年 8 月 27 日修订）
《中华人民共和国国家安全法》（2015 年 7 月 1 日修订）

《中华人民共和国水土保持法》（2010 年 12 月 25 日修订）

《中华人民共和国水法》（2016 年 7 月 2 日修订）

《中华人民共和国草原法》（2013 年 6 月 29 日修订）

《中华人民共和国防沙治沙法》（2002 年 1 月 1 日实施）

《中华人民共和国森林法》（2020 年 7 月 1 日实施）

4.2.2　标准规范

《中华人民共和国行政区划代码》（GB/T 2260—2007）

《国家基本比例尺地图编绘规范　第 1 部分：1：25 000　1：50 000　1：100 000 地形图编绘规范》（GB/T 12343.1—2008）

《国家基本比例尺地图编绘规范　第 2 部分：1：250 000 地形图编绘规范》（GB/T 12343.2—2008）

《国家基本比例尺地图编绘规范　第 3 部分：1：500 000　1：1 000 000地形图编绘规范》（GB/T 12343.3—2009）

《基础地理信息要素分类与代码》（GB/T 13923—2006）

《土地利用现状分类》（GB/T 21010—2017）

《饮用水水源保护区划分技术规范》（HJ/T 338—2018）

《土壤侵蚀分类分级标准》（SL 190—2007）

《基础地理信息数据库基本规定》（CH/T 9005—2009）

4.2.3　相关规划及文件

《国务院关于全国林地保护利用规划纲要（2010—2020 年）的批复》（国函〔2010〕69 号）

《国务院关于印发全国主体功能区规划的通知》（国发〔2010〕46 号）

《市县经济社会发展总体规划技术规范与编制导则（试行）》（发改规划〔2014〕2084 号）

《中共中央 国务院关于加快推进生态文明建设的意见》（中发〔2015〕12 号）

《生态文明体制改革总体方案》（中发〔2015〕25 号）

《国务院关于全国水土保持规划（2015—2030 年）的批复》（国函

〔2015〕160号）

《国务院办公厅关于印发湿地保护修复制度方案的通知》（国办〔2016〕89号）

《国务院关于印发"十三五"生态环境保护规划的通知》（国发〔2016〕65号）

《关于印发〈全国生态功能区划（修编版）〉的公告》（环境保护部中国科学院公告2015年第61号）

《全国国土规划纲要（2016—2030年）》

《省级空间规划试点方案》（厅字〔2016〕51号）

《水利部关于印发全国重要饮用水水源地名录（2016年）的通知》（水资源函〔2016〕383号）

《〈国土资源环境承载力评价技术要求（试行）〉的通知》（国土资厅函〔2016〕1213号）

《关于加强资源环境生态红线管控的指导意见》（发改环资〔2016〕1162号）

《资源环境承载能力监测预警技术方法（试行）》（发改规划〔2016〕2043号）

《关于划定并严守生态保护红线的若干意见》（厅字〔2017〕2号）

《关于建立资源环境承载能力监测预警长效机制的若干意见》（厅字〔2017〕25号）

《自然生态空间用途管制办法（试行）》（国土资发〔2017〕33号）

《生态保护红线划定指南》（环办生态〔2017〕48号）等

4.3　工作原则

（1）整体性原则。统筹考虑自然生态整体性和系统性，以及生态廊道的连通性，避免生境破碎化，加强跨区域间生态保护红线的有序衔接。

（2）精准落地原则。充分利用北京市地理国情监测数据、地形图

27

数据、全国土地调查数据、林业资源小班数据等，结合山脉、河流、地貌单元、植被等自然地理边界，保持生态系统完整性，科学勘定生态保护红线界线，对北京市各区的生态保护红线进行优化校核和修正，提高生态保护红线的位置精度，确保生态保护红线边界清晰、落地准确。

（3）有序连接原则。建立协调有序的生态保护红线勘界定标工作机制，强化部门联动，上下结合。按照"三条控制线"（生态保护红线、永久基本农田、城镇开发边界）原则上互不交叉重叠的要求，勘界定标工作应充分与城市总体规划、分区规划、土地利用、主体功能区规划等相关规划相衔接，与经济社会发展需求和当前监管能力相适应，统筹生态保护红线落图、钉桩和信息入库。

（4）简单易行原则。充分利用已有的工作基础和成果，在满足生态保护红线监管需求的前提下，综合考虑人力、资金和后勤保障等条件，因地制宜设立界桩与标识牌，力求操作简便、切实可行。

4.4　数学基础

4.4.1　基础要求

（1）坐标系统：宜采用 2000 国家大地坐标系（CGCS2000），地理坐标采用经纬度表示，经纬度值以度（°）为单位。

（2）高程基础：宜采用 1985 国家高程基准，高程系统为正常高；高程值单位为米（m），保留 2 位有效小数位（0.01m）。

4.4.2　精度要求

（1）平面精度：空间数据成果定位精度不低于 1∶10000 比例尺精度，平面定位精度优于 5.0m。特殊情况，如高层建筑物遮挡、阴影等，特殊困难地区可放宽至 7.5m。

（2）属性精度：长度单位采用米（m），小数点后保留 2 位有效数字；面积计算单位采用平方米（m²），小数点后保留 2 位有效数字；

面积统计汇总单位采用平方米（m²），小数点后保留 2 位有效数字。

生态保护红线斑块属性中的生态功能类型和主导生态功能应与国家批复的北京市生态保护红线划定方案中的生态功能评估结果相符。

4.5 优化校核成果属性项规定

生态保护红线边界优化校核成果对生态保护红线边界进行修正和优化校核，经各级单位沟通确认和拓扑检查无误后，以矢量方式存储，属性定义见表 4.1。

表 4.1 生态保护红线边界优化校核成果数据面层属性定义汇总表

属性项	数据类型	长度/字节	属性补充说明	填写示例或依据
编码	TEXT	32	采用行政编号-类型编号-数量编号的三级编码方式	—
名称	TEXT	64	命名采取县级行政区＋自然地理单元＋主导生态功能＋生态保护红线的命名方式	依据《生态保护红线划定指南》填写，如密云区密云水库水源涵养生态保护红线
面积	DOUBLE	—	单位：平方米（m²），保留2位小数	
周长	DOUBLE	—	单位：米（m），保留2位小数	
生态功能类型	TEXT	32	生态功能重要性或生态环境敏感性	
主导生态功能	TEXT	32	填写红线斑块的主导生态功能类型	水源涵养
说明	TEXT	255	对生态保护红线边界等进行补充说明，默认值为"—"	
省	TEXT	32	所属省份	北京市
市	TEXT	32	所属市	北京市
区	TEXT	32	所属区县	密云区
唯一编码	TEXT	32	编码规则为作业分区代码＋_＋顺序码	

表 4.1 中属性项说明如下。

（1）编码：为加强生态保护红线信息化管理，对生态保护红线实行统一编码，采用行政编号-类型编号-数量编号的三级编码方式。

（2）名称：生态保护红线采用县级行政区＋自然地理单元＋主导生态功能＋生态保护红线的命名方式，如密云区密云水库水源涵养生态保护红线，以便以县域为基本单元建立生态保护红线台账系统。

（3）面积：以平方米（m²）为单位，保留 2 位小数。

（4）周长：以米（m）为单位，保留 2 位小数。

（5）生态功能类型：枚举值为"生态功能重要性或生态环境敏感性"。

（6）主导生态功能：填写生态红线的主导生态功能类型。生态功能重要性包括水源涵养，生物多样性维护，水土保持，防风固沙，其他生态功能；生态环境敏感性包括水土流失，土地沙化，石漠化，盐渍化，其他敏感性。

（7）说明：对生态保护红线中的特殊情况或范围内的主要内容和重点要素进行补充说明，默认值为"—"。

（8）省：所属省份，如北京市。

（9）市：所属市，如北京市。

（10）区：所属区县，如密云区。

（11）唯一编码：对象的唯一编码。对图斑要素按照顺序编码，保证要素编码唯一，编码规则为作业分区代码＋_＋顺序码。生态保护红线作业分区代码汇总见表 4.2。

表 4.2　　　　生态保护红线作业分区代码汇总表

作业分区	朝阳	丰台	石景山	海淀	门头沟	房山	通州	顺义	昌平	大兴	怀柔	平谷	密云	延庆
分区代码	CY	FT	SJ	HD	MT	FS	TZ	SY	CP	DX	HR	PG	MY	YQ

4.6 图件制作要求

生态保护红线勘界图件制作要求在地理信息系统软件下数字化成图，采用地图学规范方法标识，层次清晰，图示、图例、注记齐全。底图应包括行政区域边界线、地表主要水系、水库、湖泊、交通路线、重要城镇等要素。

第5章 边界优化校核内容与方法

5.1 目标

在北京市生态保护红线划定成果的基础上，开展边界优化校核研究。整合地理国情监测数据、地形图数据、土地利用调查数据、高分辨率遥感影像数据、林业小班数据等多源数据，创新性地对北京市生态保护红线边界校核内容进行分级分类，利用分类与回归树模型对多源数据在生态保护红线边界校核中的综合应用进行研究，并基于Arc-GIS平台，针对北京市生态保护红线的精度、现势性、完整性、协调性及边界一致性情况进行分析、校核及优化，使生态保护红线达到1∶10000比例尺成图精度，实现红线的精准落图、落地。本章为北京市生态保护红线的落地、钉桩、管控以及全面落实国土空间规划用途管制提供了基础底图，该方法同时适用于全国其他地区的生态保护红线边界校核研究。

5.2 技术路线

边界优化校核技术路线如图5.1所示。

5.3 优化校核内容

按照勘界定标的原则，通过人工判读，进一步校核生态保护红线的边界，主要内容包括精度校核、现势性校核、完整性校核、协调性校核和一致性校核。

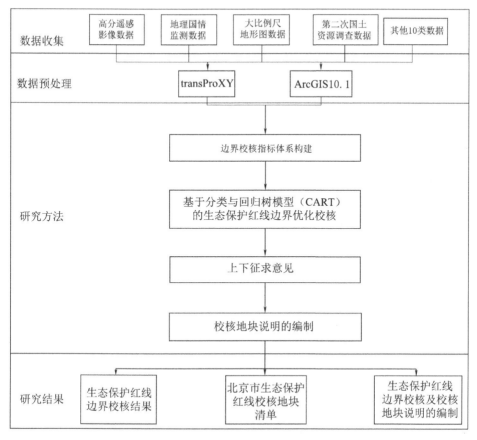

图 5.1　边界优化校核技术路线图

5.3.1　精度校核

在生态保护红线校核过程中，充分利用收集到的相关资料，校核红线边界精度，使边界空间数据精度不小于 1：10000 比例尺图精度。生态保护红线边界与更高精度基础数据或者实际地物存在偏差的，如以下所列情况予以校核，提高边界精度。

（1）红线边界切割建设用地边界，如房屋、道路等，按照权威数据及高精度资料予以修正。

（2）红线边界位置整体偏移，按照权威数据及高精度资料予以修正。

（3）对空间数据处理过程中导致的孔洞、面折刺等问题，根据实际地物情况，按照权威数据及高精度资料予以修正。

（4）扣除破碎图斑，为减少红线的破碎化程度，将面积小于 1hm² 的独立图斑扣除（若细小斑块为重要物种栖息地或其他重要生态保护地须予以保留），独立图斑扣除的面积阈值可根据实际情况进行适当调整。

5.3.2　现势性校核

对生态保护红线内涉及的永久基本农田、矿产资源、人工商品林、村镇居民点、线性基础设施等生产建设用地进行校核。

（1）将镇村居民点用地从生态保护红线内扣除，红线内零星的原住民生活设施用地除外。

（2）扣除生态保护红线内道路中省级以上公路、铁路和成规模的城市道路（快速路、主干路）以及其相应等级或规模的规划路等线性基础设施用地，其中线性基础设施与红线呈立体跨越关系的，为保证红线斑块连通，不予扣除。

（3）扣除生态保护红线内的人工商品林用地。

（4）扣除生态保护红线内的采矿用地。

（5）消除由于前期数据资源准确性产生的误差。

5.3.3　完整性校核

（1）生态保护红线边界与实际地物存在偏差的，按以下边界予以修正，具体包括：

1）自然边界，主要依据地形地貌或生态系统完整性确定的边界，如林线、流域分界线，以及生态系统分布界线等。

2）水源地保护区、自然保护区、风景名胜区等各类保护地边界。

3）河流、湖库等向陆域延伸一定距离的边界。

4）地理国情监测、全国土地调查、森林资源调查、湿地调查等自然资源调查等明确的地块边界。

（2）跨区域完整性：根据生态安全格局构建需要，综合考虑区域或流域生态系统完整性，以地形、地貌、植被、河流水系等自然界限为依据，充分与相邻行政区生态保护红线校核结果进行对接与协调，确保生态保护红线空间连续、布局统一，实现跨区域生态系统整体保护。

5.3.4 协调性校核

结合分区规划、专项规划、重大规划建设项目的数据，对位于生态保护红线核心区外的规划建设用地进行调整；对生态保护红线、城市开发边界、永久基本农田进行协调性校核，保证三线互不交叉重叠。

（1）将市政府发布北京市生态保护红线前已经划定的永久基本农田从生态保护红线内扣除（位于自然保护地核心区和饮用水水源地一级区范围内的永久基本农田除外）。

（2）将生态保护红线与城市开发边界进行衔接，确保不重叠。

（3）扣除生态保护红线内的国家和北京市已有的重点规划建设用地。

（4）扣除生态保护红线内的国家重大发展战略和重点工程项目用地。

5.3.5 一致性校核

（1）边界一致。生态保护红线跨区域斑块在行政界线处应保持一致，对由于相邻区的斑块划入本行政区边界所产生的细碎独立斑块予以校核和调整，保证红线边界与行政区划界线的统一性和一致性。

（2）数据接边。数据接边包括图形接边和属性接边。不同成图精度影像之间接边时，以精度较高、现势性较好的为准。

5.4 优化校核指标体系构建

结合高分辨率遥感影像数据、地理国情监测数据、自然保护区数据、永久基本保护农田划定成果数据等专题资料，在 ArcGIS 中对北京市生态保护红线划定成果进行分析。在满足国家要求的基础上，结合边界校核内容与北京市生态保护红线实际情况，对红线需优化完善的类型进行总结，并进一步进行分级分类。本书将需优化完善的类型分为 5 个一级类，24 个二级类。具体分类情况见表 5.1。

表 5.1　　　　　校 核 类 型 分 类 表

编号	校核类型	具体原因
1	精度校核	红线切割建设用地的边界（如房屋、道路等）
2		斑块位置整体偏移
3		边界微调
4		不合理的孔洞
5		破碎图斑
6		拓扑问题（如面重叠、面折刺和极小面等拓扑错误）
7	现势性校核	红线内包含大规模居民点
8		红线内包含高等级道路（省级以上公路）
9		红线内包含铁路
10		红线内包含快速路
11		红线内包含主干路
12		红线与土地利用现状冲突
13		存在不适宜包含在红线内的现状建设
14	协调性校核	分区规划
15		专项规划
16		城市开发边界
17		永久基本农田
18		重大规划建设项目
19	一致性校核	数据接边
20		增补到边界
21	完整性校核	连通性调整
22		剔除破碎斑块
23		衔接自然边界
24		衔接各类保护区边界

5.5　技术流程与方法

5.5.1　数据资料整合与预处理

数据资料整合与预处理是生态保护红线优化校核的关键环节，其质量直接关系到校核成果的准确性，主要包括数据资料收集和数据预处理两部分。

5.5.1.1　数据资料收集

北京市生态保护红线优化校核需要收集的数据资料包括北京市各类自然保护区、各类自然保护地、地表覆盖、路网、单体建筑、高分辨率遥感影像、林业资源调查小班数据、人工商品林、土地资源调查、大比例尺地形图、河流蓝线、永久基本农田划定成果、城镇开发边界、分区规划数据等，具体情况见表 5.2。

表 5.2　　　　　　数　据　资　料

序号	数据类型	数据说明
1	北京市各类自然保护区	北京市 21 个具有法定边界的自然保护区（包括核心区、缓冲区、实验区边界）
2	各类自然保护地	主要包括森林公园、地质公园、风景名胜区、湿地公园、世界自然遗产、饮用水源地保护区等具有明确边界的保护单元
3	地表覆盖	按照地理国情监测成果的分类标准，根据所见即所得的原则，将地表地物类型分为 8 个一级类，主要包括种植土地、林草覆盖、房屋建筑、铁路与道路（除铁路外的其他道路覆盖分类统一归为道路，不区分类别、等级）、构筑物、人工堆掘地、荒漠与裸露地、水域
4	路网	是以地理实体形式采集获得，数据中包括道路的类别、等级、位置，主要包括铁路、公路（国道、省道、县道、乡道、专用道路以及公路之间的连接道）、城市道路（主干路、快速路、支路等）、乡村道路及匝道

续表

序号	数据类型	数据说明
5	单体建筑	指上有屋顶、周围有墙，能防风避雨，供人们在其中工作、生活、学习、娱乐和储藏物资，并具有固定基础，占用土地空间，层高一般在 2.2m 以上的永久性场所。数据属性主要包括所在区县乡镇、土地性质、建筑使用性质、占地面积、地上层数等信息
6	高分辨率遥感影像	最新的、分辨率优于 1m 的全市高分辨率影像数据。影像数据均根据不同的试点采用最新的成果数据，当前作业采用 2019 年第三季度的影像
7	林业资源调查小班数据	北京市园林绿化局提供的最新林业资源调查成果
8	人工商品林	从林业资源调查小班数据中提取出的属性为人工商品林的数据
9	土地资源调查	包括二调数据、土地变更调查数据
10	大比例尺地形图	北京市全市 1∶10000 地形图、平原区 1∶2000 地形图、中心城区 1∶500 地形图
11	河流蓝线	规划或水务部门提供的最新批复的河流保护范围，主要包括北京市 5 条主要河流（北运河、永定河、潮白河、温榆河、泃河）
12	永久基本农田划定成果	规划部门提供的最新批复的数据
13	城镇开发边界	规划部门提供的最新批复的数据
14	分区规划数据	规划部门提供的最新批复的数据

5.5.1.2　数据预处理

1. 数据审核

数据审核是完成项目工作的前提和基础。由于收集的资料来自不同部门及不同的管理要求，需要对收集的数据资料进行审核。要求数据来源可靠，计量单位统一，剔除明显不符合实际的数值和特殊的极值。主要对数据资料的完整性、准确性、适用性和时效性进行审核。

（1）完整性审核：①检查收集的数据资料是否齐全；②检查数据资料的内容是否完整；③检查数据资料的相关属性信息是否填写齐全。

（2）准确性审核：①检查数据是否真实反映客观实际情况，内容是否符合实际；②检查数据格式是否正确；③检查数据的坐标系是否正确；④检查数据是否有错误，计算是否正确。

（3）适用性审核：①掌握数据的来源、数据的口径以及有关的背景材料；②审核数据是否满足项目需要及要求。

（4）时效性审核：①检查数据资料的现势性；②应尽可能收集最新的权威的数据资料。

2. 数据转换

（1）格式转换。收集到的矢量数据存储格式存在多种，为了数据使用的方便性和统一性，需要进行数据格式之间的转换。主要利用ArcGIS软件将不同格式（如 dwg、dxf 等）的数据进行转换，最终统一转换为 shapefile，以 shp 或 gdb 的数据格式存储。

（2）坐标转换。在 ArcGIS 中打开所需数据，对每层数据的坐标系统及投影系统进行一致性验证，坐标系统统一采用 2000 国家大地坐标系统，采用高斯-克吕格投影，高程基准为 1985 国家高程基准，若存在坐标系统不统一的问题，对各项专题数据进行坐标转换，将所有数据的坐标系统按照项目要求进行统一，坐标转化完成之后，对坐标转换成果进行检查和复核，确保转化数据的质量和精度。坐标转换流程见图 5.2。

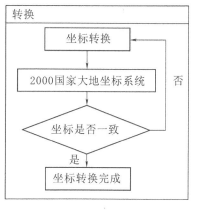

图 5.2　坐标转换流程图

3. 数据整合

基于基础地理空间数据库，将整理后的数据资料存储到 gdb 数据库中进行集中存储或管理。其中矢量数据采用 Geodatabase 的 矢量数据集（FeatureDataset）、要素类（FeatureClass）模型，栅格数据采用 Geodatabase 的镶嵌数据集（MosaicDataset）模型。

5.5.2　基于 CART 模型的生态保护红线边界优化校核

结合本次生态保护红线边界校核的任务特点以及北京市生态保护红线的特点，将红线中的山水林田湖草按照不同功能单元划分为自然保护地、河流湿地、其他保护单元 3 种类型，对每种类型建立多源数据综合应用的 CART 模型。具体情况如图 5.3～图 5.5 所示。

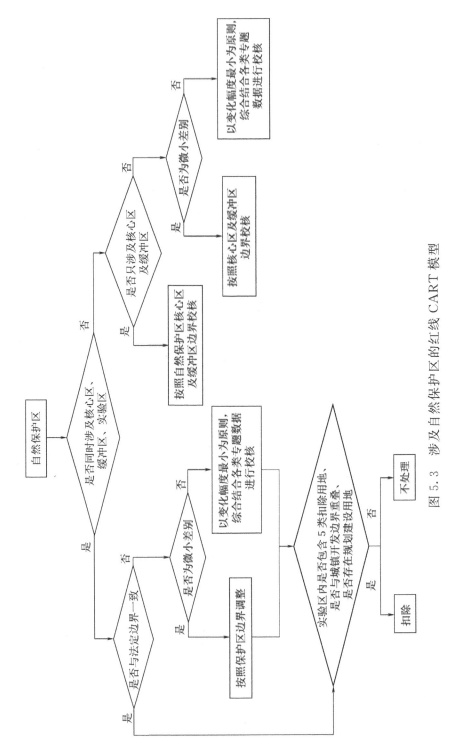

图 5.3 涉及自然保护区的红线 CART 模型

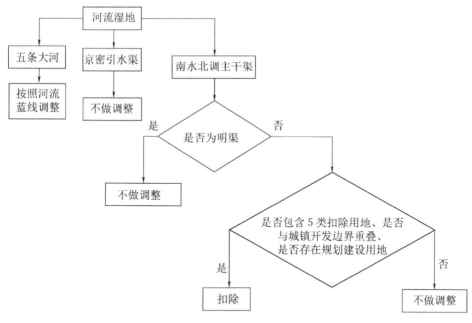

图 5.4 涉及河流湿地的红线 CART 模型

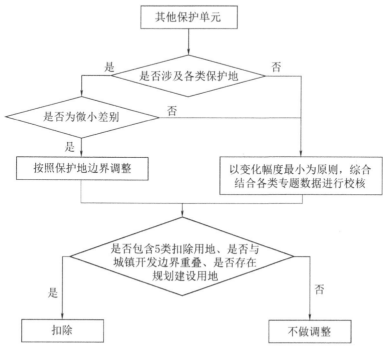

图 5.5 涉及其他保护单元的红线 CART 模型

5.5.3 征求意见

各区在生态保护红线边界校核过程中，积极组织向各区级相关部门和乡镇等征求意见，上下联动，横向对接，达成一致后，由相关部门和乡镇政府主要负责人签字或盖章进行确认，并留存备案。

在生态保护红线校核过程中，市区两级应及时进行技术对接，市级技术支撑单位对校核成果进行审核和检查，并对各区的红线边界校核成果提出意见与建议，经各区修改完善后，形成各区生态保护红线落地图。

5.5.4 编制校核地块说明

生态保护红线边界优化校核地块说明数据是对生态保护红线边界优化校核成果的形成的补充说明，对每一个调整斑块的具体情况进行记录，包括变化类型、优化类型、具体原因、优化依据等，使生态保护红线边界的优化有依据可追溯，以矢量方式存储，属性定义汇总见表 5.3。

表 5.3　　　　　生态保护红线边界优化校核地块说明
数据面层属性定义汇总表

属性项	数据类型	长度/字节	属性补充说明	填写示例或依据
变化类型	TEXT	32	枚举值为"增加/减少"	—
优化类型	TEXT	32	依据优化校核要求进行归类填写	精度超限
具体原因	TEXT	255	优化类型的具体内容	
优化依据	TEXT	255	填写边界优化的依据	
面积	DOUBLE	—	单位：平方米（m²），保留 2 位小数	
周长	DOUBLE	—	单位：米（m），保留 2 位小数	
说明	TEXT	255	对生态保护红线边界变化情况等进行说明	
省	TEXT	32	所属省份	北京市
市	TEXT	32	所属市	北京市
区	TEXT	32	所属区县	密云区
唯一编码	TEXT	32	编码规则为作业分区代码＋_＋顺序码	—

5.5.4.1 属性项说明

（1）变化类型：生态保护红线边界优化评估成果相对于本底生态保护红线数据的变化情况，枚举值为"增加/减少"。

（2）优化类型：依据优化校核要求进行归类填写，如精度超限。

（3）具体原因：依据优化类型的具体原因进行填写，如红线切割建设用地的边界（如房屋、道路等）。

（4）优化依据：填写边界优化的依据，如地理国情监测数据等。

（5）面积：以平方米（m²）为单位，保留 2 位小数。

（6）周长：以米（m）为单位，保留 2 位小数。

（7）说明：对生态保护红线边界的变更原因、依据和原则进行解释说明。

（8）省：所属省份，如北京市。

（9）市：所属市，如北京市。

（10）区：所属区县，如密云区。

（11）唯一编码：对象的唯一编码。对图斑要素按照顺序编码，保证要素编码唯一，编码规则为作业分区代码＋_＋顺序码。生态保护红线作业分区代码汇总见表 4.2。

5.5.4.2 优化校核地块说明

根据生态保护红线边界优化评估地块说明数据，编制生态保护红线优化校核地块说明，以表格形式存储。生态保护红线边界优化评估地块分为增加地块和减少地块，分别对增加地块和减少地块的斑块编号、优化类型、具体原因、优化依据、面积和位置信息等内容进行汇总说明，具体情况见表 5.4。

5.5.5 优化校核成果图

（1）比例尺。根据版心大小及比例尺分级差确定。原则上，比例尺大于 1∶100000 的区域，比例尺分级差为 5000，比例尺在 1∶100000 到 1∶500000 之间的区域，比例尺分级差为 10000，比例尺小于 1∶500000 的区域分级差为 50000，个别形状不规则区域，考虑图面的载负量和美观性，可适当调整比例尺级差。

表 5.4　　增加（减少）地块优化评估结果说明汇总表

编号	斑块编号	优化类型	具体原因	优化依据	面积/hm²	备注
1		精度超限	红线切割建设用地的边界（如房屋、道路等）	具体依据的数据，如地理国情监测数据、遥感影像数据等		
2			斑块位置整体偏移			
3			边界微调			
4			不合理的孔洞			
5			破碎图斑			
6			拓扑问题（如面重叠、面折刺和极小面等拓扑错误）			
7		与现状建设矛盾	红线内包含大规模居民点	具体依据的数据，如地理国情监测数据、遥感影像数据等		
8			红线内包含高等级道路（省级以上公路）			
9			红线内包含铁路			
10			红线内包含快速路			
11			红线内包含主干路			
12			红线与土地利用现状冲突			
13			存在不适宜包含在红线内的现状建设	详细说明具体原因及数据依据		
14		与规划矛盾	分区规划	规划依据		
15			专项规划			
16			城市开发边界	数据依据		
17			永久基本农田			
18			重大规划建设项目	需要说明批复时间、审批文件		

续表

编号	斑块编号	优化类型	具体原因	优化依据	面积/hm²	备注
19		与行政边界保持一致	数据接边	数据依据，明确区界数据使用来源		
20			增补到边界			
21		保持生境完整性	连通性调整	说明原因		
22			剔除破碎斑块	说明原因		
23			衔接自然边界	数据依据（影像、参考资料）		
24			衔接各类保护区边界	依据森林公园、地质公园、自然保护区边界等		

注 1. 斑块编码采用作业分区代码＋_＋斑块序号的方式进行编码，如 TZ_1。

2. 备注说明主要填写斑块的位置信息和主要属性信息等说明性的文字描述。

3. 面积单位为平方米（m²），保留 2 位小数。

4. 增加地块和减少地块分别列表汇总。

（2）图名。图名以北京市＋行政区划＋生态保护红线边界校核成果图命名。

（3）幅面。图廓上、下、左、右至纸边界相同距离。图名采用同样式字体大小，位于上图廓外居中位置，距外图廓一定间距。编制单位、地图资料来源等置于下图廓外，可根据内容调整，距外图廓一定间距，左、右与内图廓对齐。

（4）图面配置。图面包括生态保护红线优化校核成果、图名、图例、图廓、数字比例尺或图解比例尺、指北针、地图资料来源、制作单位等。横版和竖版图配置示意分别如图 5.6 和图 5.7 所示。

5.5.6 边界优化校核效果评价

基于地理国情监测数据（2020 年）、自然保护地等数据，开展北京市生态保护红线优化校核成果评估。通过对比生态保护红线优化校核前后分形维数、地表覆盖率，反映生态保护红线优化校核成果的复

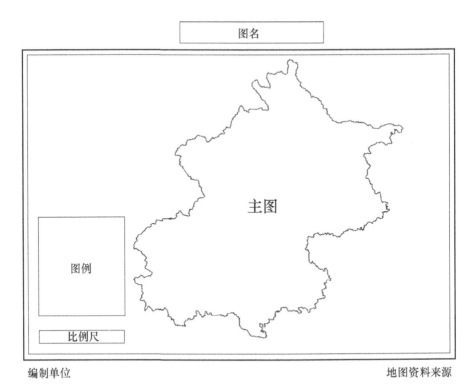

图 5.6 横版图面配置示意图

杂程度和现势性校核程度，进而反映在精准落地和保障生态环境方面的作用。

5.5.6.1 分形维数

分形维数可以反映生态保护红线边界的不规则程度。利用盒计数法计算生态保护红线边界校核前后的分形维数，即采用不同长度的正方形网格［设边长为 $r(N)$］，连续且不重叠的覆盖生态保护红线边界。网格数目 N 随着网格长度 $r(N)$ 的变化而出现相应变化，计算公式为

$$D = -\frac{\lg N}{\lg r(N)} \tag{5.1}$$

式中 D——生态保护红线边界的分形维数，$1 \leqslant D \leqslant 2$，$D$ 越大表示
边界的弯曲和复杂程度越高，D 越小说明生态保护红线
的复杂程度越低，越便于生态保护红线的精准落地；

$r(N)$——测量单元的尺寸；

N——测量单元数。

图 5.7　竖版图面配置示意图

5.5.6.2　地表覆盖率

地表覆盖率主要用来表示生态保护红线内各地表覆盖类型的面积占比情况。地表覆盖类型基于地理国情监测数据（2020 年）主要分为八大类：种植土地、林草覆盖、房屋建筑（区）、铁路与道路、构筑物、人工堆掘地、裸露地和水域。计算公式为

$$K_i = \frac{U_{bi}}{U} \times 100\% \qquad (5.2)$$

式中　K_i——第 i 种地表覆盖类型在生态保护红线内的覆盖率；

U——生态保护红线面积内第 i 类地表覆盖类型的面积；

U_{bi}——生态保护红线内第 i 类地表覆盖类型的面积。

林草覆盖、水域等自然地理要素 K 值越高，房屋建筑（区）、铁路与道路、构筑物、人工堆掘地等人文地理要素 K 值越低，生态保护红线的现势性校核效果越好，越便于生态保护红线落地和实施严格管控。

第6章 应用示范——以北京市海淀区为例

6.1 海淀区生态保护红线划定情况

海淀区生态保护红线面积约 19.11km²，连片分布在 7 个位置，空间布局为 3 条河、4 座山。其中 3 条河分别为京密引水渠饮用水水源保护区、南沙河、北沙河；4 座山分别为凤凰岭风景名胜区和 3 处西山国家森林公园所属区域。涉及马连洼街道、青龙桥街道、上庄镇、四季青镇、苏家坨镇、海淀镇、温泉镇、西北旺镇、香山街道共计 9 个街（镇）。

6.2 边界优化校核实施

6.2.1 数据资料整合及预处理

海淀区生态保护红线优化校核收集到的数据资料包括北京市各类自然保护区、各类自然保护地、地表覆盖、路网、单体建筑、高分辨率遥感影像、林业资源调查小班数据、人工商品林、土地资源调查、大比例尺地形图、河流蓝线、永久基本农田划定成果、城镇开发边界、分区规划等，具体情况见表 6.1。

表 6.1　　　　　　　　海淀区数据资料

序号	数据类型	数据说明
1	各类保护地	主要包括颐和园世界文化遗产、西山国家森林公园、北京凤凰岭自然风景公园、百望山森林公园、京密引水渠等具有明确边界的保护单元
2	地表覆盖	收集到 2019 年地理国情监测地表覆盖成果

序号	数据类型	数据说明
3	路网	收集到的数据包括海淀区铁路、公路（国道、省道、县道、乡道、专用道路以及公路之间的连接道）、城市道路（主干路、快速路、支路等）、乡村道路及匝道，现势性为 2019 年第三季度
4	单体建筑	收集到 2019 年第三季度海淀区单体建筑数据。数据属性主要包括所在区县乡镇、土地性质、建筑使用性质、占地面积、地上层数等信息
5	高分辨率遥感影像	影像采用海淀区分辨率优于 1m 的 2019 年第三季度的影像
6	林业资源调查小班数据	北京市园林绿化局提供的海淀区最新林业资源调查成果
7	人工商品林	从林业资源调查小班数据中提取出的属性为"人工商品林"的数据
8	土地资源调查	海淀区二调数据、土地变更调查数据
9	大比例尺地形图	海淀区 1∶10000 地形图
10	河流蓝线	规划或水务部门提供的最新批复的河流保护范围，主要包括北京市 5 条主要河流（北运河、永定河、潮白河、温榆河、沟河）
11	永久保护农田划定成果	规划部门提供的海淀区最新批复的数据
12	城镇开发边界	规划部门提供的海淀区最新批复的数据
13	分区规划数据	规划部门提供的海淀区最新批复的数据

对收集到的数据资料进行完整性审核、准确性审核、实用性审核和实效性审核，将符合要求的数据资料统一格式为 Shpflie 格式，坐标系统统一采用 2000 国家大地坐标系统，投影采用高斯-克吕格投影，高程基准为 1985 国家高程基准。

6.2.2 基于 CART 模型的优化校核实施

根据 5.5.2 小节中的要求，将海淀区生态保护红线中的山水林田湖草按照不同功能单元划分为自然保护地、河流湿地、其他保护单元 3 种类型，分别对不同功能单元按照 CART 模型进行优化校核。

（1）精度校核：充分利用收集到的相关资料，校核红线边界精度，使边界空间数据精度不小于 1：10000 比例尺图精度。图 6.1～图 6.6 为生态保护红线校核前后对比图，校核前为红色图斑，校核后为蓝色图斑。

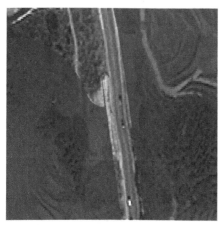 

（a）校核前 （b）校核后

图 6.1 拓扑错误（面折刺）

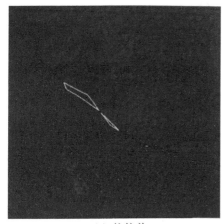 

（a）校核前 （b）校核后

图 6.2 拓扑错误（多部件）

（2）现势性校核：对红线内存在的大规模居民点、高等级线性基础设施及其他与现状矛盾且经论证不适宜包含在红线内的地块进行校核。图 6.7、图 6.8 为生态保护红线校核前后对比图，校核前为红

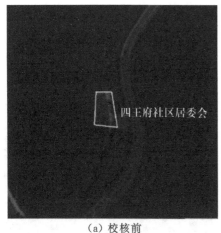

（a）校核前　　　　　　　　　（b）校核后

图6.3　不合理孔洞

（a）校核前　　　　　　　　　（b）校核后

图6.4　红线边界压盖房屋

色图斑，校核后为蓝色图斑。

（3）与规划协调性校核：在生态保护红线边界校核过程中，充分与分区规划、专项规划及重大规划建设项目等进行衔接，同时协调三条控制线之间的关系，对红线与永久基本农田、城镇开发边界之间的矛盾进行校核，确保三条控制线不交叉、不重叠。图6.9～图6.11为生态保护红线校核前后对比图，校核前为红色图斑，校核后为蓝色图斑。

（a）校核前　　　　　　　　　　（b）校核后

图 6.5　红线边界压盖道路

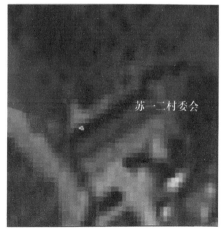 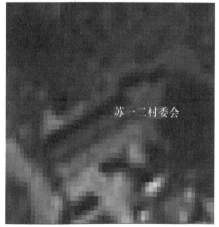

（a）校核前　　　　　　　　　　（b）校核后

图 6.6　扣除因精度问题造成的破碎图斑

（4）边界一致性校核：对由于相邻区的斑块划入本行政区边界所产生的细碎独立斑块予以校核和调整，保证红线边界与行政区划界线的统一性和一致性。图 6.12 和图 6.13 为生态保护红线校核前后对比图，校核前为红色图斑，校核后为蓝色图斑。

（5）完整性校核：根据生态安全格局构建需要，综合考虑区域或流域生态系统完整性，以地形、地貌、植被、河流水系等自然界限为

（a）校核前 （b）校核后

图 6.7 红线中包含大规模居民点

（a）校核前 （b）校核后

图 6.8 红线中包含高等级道路

依据，对红线边界进行校核。图 6.14～图 6.17 为生态保护红线校核前后对比图，校核前为红色图斑，校核后为蓝色图斑。

6.2.3 征求意见

基于海淀区生态保护红线优化校核成果，多次征求各方意见，并以生态保护红线优化校核要求为准则提出反馈意见，对符合优化校核

（a）校核前　　　　　　　　　　（b）校核后

图 6.9　红线内存在分区规划中的建设用地

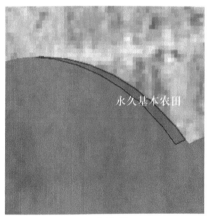 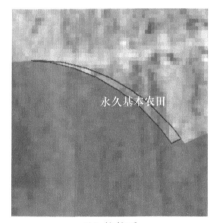

（a）校核前　　　　　　　　　　（b）校核后

图 6.10　红线与永久基本农田存在矛盾

的予以采纳。具体情况如下。

（1）海淀区生态保护红线中水源一级保护区内存在现状建筑，拆迁难度较大，意见中建议调整红线时提前考虑此类情况的后续解决思路。根据《北京市生态保护红线勘界定标技术规程》的要求，水源一级保护区属于生态保护红线核心区，核心区内的现状建设要按照部署统一逐步退出，且生态保护红线不能因为现状建设的存在而破碎化，未予采纳。

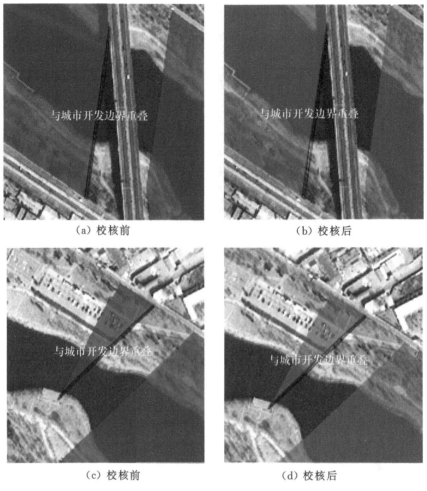

（a）校核前　　　　　　　　（b）校核后

（c）校核前　　　　　　　　（d）校核后

图 6.11　红线与城市开发边界存在矛盾

（2）由于受地理因素影响，海淀区生态保护红线核心区压盖部分道路路由，意见中建议局部地区红线保护范围根据地势等实际情况适当缩小。根据生态保护红线优化校核的要求，核心区内的现状建设不进行扣除，且未来线状设施的修建均需要结合生态保护红线的管理办法，未予采纳。

（3）海淀区生态保护红线成果存在压盖现状建设的情况，意见中建议对生态保护红线边界进一步衔接自然边界。根据生态保护红线优化评估的要求，对生态保护红线（除核心区）内切割建设用地的边

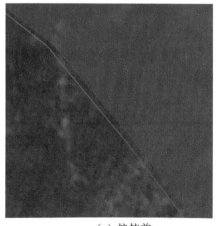

（a）校核前　　　　　　　　　　　（b）校核后

图 6.12　与行政边界保持一致

（a）校核前　　　　　　　　　　　（b）校核后

图 6.13　增补到边界

界（如房屋、道路等）的情况可以进行精度校核，予以采纳。

（4）根据《北京市生态保护红线勘界定标技术规程》中对于生态保护红线内孔洞优化校核的要求，对于没有现状建设且面积小于1hm²的孔洞进行回填，对于没有现状建设且面积大于 1 hm²的孔洞进行精度校核，要求扩大山区孔洞的不符合《北京市生态保护红线勘界定标技术规程》的规定，没有充分依据，未予采纳。

　　　　　（a）校核前　　　　　　　　　　（b）校核后

图 6.14　连续河流无故中断的完整性校核

　　　　　（a）校核前　　　　　　　　　　（b）校核后

图 6.15　河流被高架桥截断的完整性校核

6.2.4　编制校核地块说明

　　根据 5.5.4 小节中校核地块说明编制要求，对海淀区生态保护红线优化校核成果中增加、减少的斑块进行编辑整理，编制校核地块说明，具体情况见附录 B。

（a）校核前 （b）校核后

图 6.16 不规则边界校核保证生境完整

（a）校核前 （b）校核后

图 6.17 扣除破碎图斑

6.2.5 优化校核成果

海淀区生态保护红线优化校核后空间布局为 3 条河、4 座山，空间布局未改变；优化评估之后红线面积约为 19.11km² ，满足面积不减少原则。

6.2.6 边界校核效果评价

6.2.6.1 分形维数

根据盒计数法得到了 $[\lg N, \lg r(N)]$ 数据图（见图 6.18 和图 6.19）。由图 6.18 和图 6.19 可以看出生态保护红线校核前后盒计数的对数 $\lg N$ 与盒边长的对数 $\lg r(N)$ 均呈线性相关，且决定系数 R^2 分别为 0.9983、0.999，线性关系显著。根据式（5.1），原始生态保护红线的分形维数是 1.1087，生态保护红线校核成果的分形维数为 1.1085。

由此说明，校核后海淀区生态保护红线不规则边界减少，边界复杂程度明显降低，便于生态保护红线的精准落地和管理。

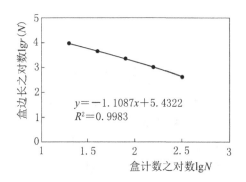

图 6.18　生态保护红线盒计数法双对数图

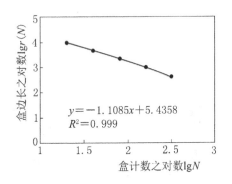

图 6.19　生态保护红线校核成果盒计数法双对数图

6.2.6.2 地表覆盖率

基于地理国情监测成果数据（2020 年），分别对海淀区生态保护红线校核前后的地表覆盖进行了统计。如表 6.2 所示，海淀区生态保护红线校核成果中林草覆盖面积最大，约占全区生态保护红线面积的 74.85％；裸露地表面积占比最小，约占全区生态保护红线面积的 0.13％。其中，生态保护红线校核后房屋建筑区、构筑物、人工堆掘地、铁路与道路均有所减少，变化最大的是房屋建筑区，约减少了 0.47％，变化最小的是人工堆掘地，约减少了 0.01％；裸露地表在生态保护红线校核前后基本没有变化；水域、种植土地的面积占比明显增加，分别增加了 1.08%、0.07%。由此可知，海淀区生态保护红线内（除核心区）的房屋建筑、构筑物等现状建设（除生态保护红线内部零星的房屋和基础设施）、高等级线性基础设施（铁路与道路）等均进行了扣除，从应划尽划、不应划调出方面保证了生态保护红线落实到地块，便于今后生态保护红线的管控；同时为了保证生态系统的完整性，山区、水域等无现状建设的孔洞已进行了回填。

表 6.2   生态保护红线内地表覆盖变化   %

地表覆盖	生态保护红线内地表覆盖占比	生态保护红线校核成果内地表覆盖占比	生态保护红线校核前后地表覆盖占比变化
房屋建筑区	2.89	2.42	−0.47
构筑物	2.45	2.37	−0.08
林草覆盖	75.31	74.85	−0.46
裸落地表	0.13	0.13	0.00
人工堆掘地	1.16	1.15	−0.01
水域	11.49	12.57	1.08
铁路与道路	4.50	4.37	−0.13
种植土地	2.07	2.14	0.07
总计	100.00	100.00	0.00

依据第 5 章中关于生态保护红线优化评估内容与方法的要求，对北京市海淀区生态保护红线开展优化评估应用示范，按照 5 大类 24 小类，对应山水林田湖草有机生态系统中的不同要素，按照要素-数据、问题-解决依据的模式进行有针对性的边界校核，并多次征求意见，形成最终的海淀区生态保护红线优化评估成果。基于分形维数、地表覆盖率等评价指标，对海淀区生态保护红线优化评估成果进行效果评价，结果表明，优化评估后海淀区生态保护红线复杂程度明显降低，房屋建筑区、构筑物、人工堆掘地、铁路与道路均有所减少，水域、种植土地的面积占比明显增加，统筹协调了社会经济发展规划、分区

规划、专项规划、环境保护规划以及其他产业发展规划的矛盾冲突，满足生态保护红线应划尽划，不应划调出的调整原则，促进了海淀区生态保护红线的精准落地和管理，为推动北京市建设国际一流的和谐宜居之都、打造天蓝、地绿、水净的美丽北京建设以及国土空间规划底图的完善发挥了重大作用。

第7章　综合生态效益

综合生态效益，由生态效益、社会效益和经济效益互相结合形成，体现了经济发展中局部利益和全局利益、眼前利益和长远利益的结合，是现实能够获得的最大可能效益。

北京市严格贯彻习近平生态文明思想和习近平总书记重要指示批示精神，坚决落实党中央、国务院和市委、市政府关于生态环境保护的重要决策部署，紧紧围绕生态环境质量改善的核心目标，坚持问题导向，动真碰硬、标本兼治、依法依规，将生态环境保护作为加快推进首都生态文明建设的重要抓手，加快落实生态环境保护政治责任，加快解决突出生态环境问题，推动发展方式转变，全面提升生态文明建设和生态环境保护水平，让好山好水释放综合效益，为北京2022年冬奥会和冬残奥会提供有力保障，确保党中央、国务院决策部署和市委、市政府工作要求落地生根，取得了实实在在的成效，综合生态效益十分显著。

7.1　制度建设为生态文明保驾护航

紧紧围绕推进生态文明领域治理体系与治理能力现代化，北京市全面推行生态文明体制改革，组织制定23项重大改革举措，为推进生态文明建设提供了制度保证。编制关于构建现代环境治理体系的实施方案。印发实施《北京市生态环境保护工作职责分工规定》等党内法规、改革文件，构建生态环境保护督察考核问责体系。出台《北京市构建市场导向的绿色技术创新体系实施方案》，推动北京绿色金融与可持续发展研究院落户北京市，增强绿色发展的科技和金融动力。聚焦资源保护，实施自然资源资产产权制度改革，开展耕地保护责任

目标考核。加快建立绿色生产和消费法规政策体系，制修订法规 3
部，实施《北京市塑料污染治理行动计划（2020—2025 年）》等政策
22 项，推动生态涵养区生态保护与绿色发展立法。

通过构建立体化、现代化生态环境监测网络，以监测先行为导
向，开展"十四五"时期北京市国控和市控大气、地表水、地下水和
土壤环境质量监测网点位优化调整，继续支撑深入打好污染防治攻坚
战。全面开展环境质量、生态质量和污染源监测，为统筹推进全市高
质量发展和生态环境高水平保护提供真实、准确、全面的监测数据。
强化生态环境监测质量管理，加强对各级各类生态环境监测机构
监督。

北京市始终坚持生态、社会和经济效益相统一的发展理念，积极
发挥总体谋划、统筹协调、整体推进、督促落实的职能作用，协调推
进实施绿色北京战略，确保年度重点任务全部按期完成，连年来累计
形成政策成果近千项，有力推动了首都生态文明建设水平再上新
台阶。

北京生态环境整治治攻坚战取得重大阶段性成果，环境质量创有
监测记录以来较好水平。绿色发展迈出新步伐，完善能耗"双控"机
制，印发实施节水行动方案，万元 GDP 能耗、水耗均超额完成"十
三五"任务。垃圾分类、"光盘行动"、绿色出行等生活方式成为更多
市民自觉选择。自然资源和国土空间规划严控严管，启动自然保护地
整合优化、天然林保护修复等工作，有序开展自然资源资产负债表编
制、领导干部自然资源资产离任（任中）审计等工作。推进建立科学
有序的国土空间规划体系，实施生态控制线和城市开发边界管理，城
乡建设用地继续保持下降趋势。

7.2　综合生态效益成果丰硕

生态保护是一项系统工程，需要人人重视、人人参与，北京市努
力构建政府引导、公众参与、社会投资的生态建设格局。因地制宜做
好生态环境这道大餐，绿水青山才能够发挥出经济社会效益，助推实

现经济效益、社会效益、生态效益同步提升，打开好山好水的价值实现途径。

北京市在减量高质发展的背景下，发展社会经济始终体现为经济效益、社会效益、生态效益的统一，注重生态环境保护，促进经济和社会的全面、协调和可持续发展，成绩斐然。

随着生态文明建设的大力推进，城市绿色生态空间不断扩大，新增造林绿化面积 21 万亩，森林覆盖率、绿化覆盖率分别提高到 44.4%、48.9%，发布第二批湿地名录。农村人居环境整治三年行动计划顺利收官，完成 300 个村的污水收集处理设施建设，改造公厕 755 座，户厕无害化率达到 99.4%，99% 的行政村生活垃圾得到处理，门头沟、大兴、平谷、怀柔、延庆等 5 个区创建成为农村生活垃圾分类和资源化利用示范区，规模化养殖场粪污利用率达到 95%。

2021 年 5 月 13 日，北京市生态环境局发布《2020 年北京市生态环境状况公报》，该公报显示，2020 年全市空气质量、地表水水质改善明显，土壤环境状况总体良好，声环境质量保持稳定，辐射环境质量保持正常，生态环境状况持续向好，万元地区生产总值二氧化碳排放保持全国最优水平。2020 年全市空气质量、地表水水质改善明显，土壤环境状况总体良好，声环境质量保持稳定，辐射环境质量保持正常，生态环境状况持续向好，万元地区生产总值二氧化碳排放保持全国最优水平。在生物多样性方面，仅去年北京就发现 70 种北京新记录物种，其中有 12 种为中国新记录物种。这意味着，首都当地生态环境质量在不断提高，大自然的馈赠也毫不吝啬。应该说，持续做好生态保护与生态涵养必定会有生态回报，不遗余力实现绿色发展必定会有绿色馈赠。

2020 年，全市空气中细颗粒物（PM2.5）年平均浓度值为 $38\mu g/m^3$，首次进入"30＋"；密云、怀柔、延庆、门头沟、昌平、平谷、顺义、房山 8 个区率先达到国家二级标准，约占市域面积的 80%；2018—2020 年三年滑动平均值为 $44\mu g/m^3$，同比下降了 12.0%。二氧化硫（SO_2）、二氧化氮（NO_2）和可吸入颗粒物（PM10）年平均浓度值分别为 $4\mu g/m^3$、$29\mu g/m^3$ 和 $56\mu g/m^3$，均达到国家二级标准。与

2015 年相比，全市 PM2.5、SO_2、NO_2 和 PM10 年平均浓度值分别下降 52.9%、70.4%、42.0% 和 44.8%。一氧化碳（CO）24h 平均第 95 百分位浓度值为 1.3μg/m³，达到国家二级标准。臭氧（O_3）日最大 8h 滑动平均第 90 百分位浓度值为 174μg/m³。与 2015 年相比，全市 CO 24h 平均第 95 百分位浓度值、臭氧（O_3）日最大 8h 滑动平均第 90 百分位浓度值分别下降 63.9%、14.1%。

2020 年，空气质量达标天数为 276 天，达标天数比例为 75.4%，比 2015 年增加 90 天。空气重污染天数为 10 天，比 2015 年减少 36 天。全年未出现严重污染日。

全市水环境质量显著改善，主要污染指标年平均浓度值继续降低，重点流域劣 V 类水体进一步减少，国控断面劣 V 类水体全面消除。集中式地表水饮用水源地水质符合国家饮用水源水质标准。

地下水水质保持稳定。地表水水质监测断面高锰酸盐指数年平均浓度值为 4.08mg/L，氨氮年平均浓度值为 0.34mg/L，比 2015 年分别下降 47.1% 和 94.0%。河流中 I～III 类水质河长占比增加到 63.8%；劣 V 类水质河长占监测总长度的 2.4%，与 2015 年相比，全市河流 I～III 类比例增加了 15.8 个百分点；劣 V 类比例削减了 42.1 个百分点。

生态环境状况良好。2020 年，全市生态环境状况级别为良，生态环境状况指数（EI）为 70.2，连续六年持续改善，生态涵养区稳定保持优良的生态环境。与 2015 年相比，全市生态环境状况指数（EI）总体提升了 9.3%。从功能区分布看，首都功能核心区生态环境状况指数（EI）提高了 15.1%，中心城区提高了 14.4%，平原区提升幅度达到 16.9%，生态环境服务能力得到提升；生态涵养区生态环境状况指数（EI）提高 7.8%，生态环境屏障更加稳固。

生物多样性丰富。北京地形地貌复杂，生境类型多样，生物多样性丰富，在京津冀生态格局中具有举足轻重的地位。丰富的生态系统类型是物种多样性的基础，2020 年，实地记录到北京市 82 种自然和半自然生态系统群系，包括森林、灌丛、草丛、草甸与草原、湿地等类型。已记录各类物种共 5086 种。

全面推进生态文明建设。市委生态文明建设委员会大力推进实施绿色北京战略，有力推动了首都生态文明建设水平再上新台阶。

完成污染防治攻坚战阶段性目标任务。深化"一微克"行动，聚焦 PM2.5 和 O_3 协同治理，实现产业结构绿色转型、能源结构绿色低碳、车辆结构绿色优化和城市面貌绿色洁净。统筹水资源、水环境和水生态，着力实施碧水保卫战，持续推进水污染防治，不断提升水生态建设水平，全力保障饮用水水源安全。以农用地和建设用地为重点，深入开展土壤污染防治。超额完成受污染耕地安全利用率、污染地块安全利用率达到 90% 以上的目标。

加强生态环境执法水平。坚持精准发力、精确打击、精细管理，落实管理、执法、服务三位一体执法模式。

实践证明，持续改善生态环境质量，协同推进生物多样性保护与绿色发展，是有效增强生态系统韧性、更好应对环境风险挑战、促进经济社会可持续发展的必然选择。只有这样，绿水青山才能够发挥出综合生态效益，助推实现经济效益、社会效益、生态效益同步提升；也只有善于从保护自然中寻找机遇，合理利用资源禀赋，推动生态资源高质高效转化，才能打开好山好水的价值实现途径，实现综合生态效益开花结果。

第8章 红线严守与生态保障

我国生态空间不断遭受挤占，生态环境问题突出，生态系统退化严重，生态安全形势严峻。划定生态保护红线有利于保护良好生态系统，改善和提升生态系统服务功能，构建国土生态安全格局。严守红线和保护生态，是维护国家生态安全的客观需求。

8.1 守住生态安全的底线和生命线

保护生态环境是国家生态安全的底线和生命线。这个底线不能突破，一旦突破必将危及生态安全、人民生活和国家永续发展。生态资源没有替代品，需要我们以对人民群众，对子孙后代高度负责的态度，合理利用自然资源。我国的生态环境的污染和破坏，已经成为经济社会发展的制约。习总书记强调要像保护眼睛一样保护生态环境，像对待生命一样对待生态环境，把不损坏生态环境作为发展的底线。

经过几十年经济的快速发展，我们在取得辉煌成就的同时，也积累了大量的生态环境问题，人民群众对美好生活的需要也包括了对蓝蓝的天、干净的水、优美环境的需要。发展中问题，要靠发展来解决，通过转变经济发展方式等系列改革举措，改善生态环境，才能让我国经济发展后劲十足。坚持开发与保护并举，有利于人与自然的和谐发展和经济社会的稳定大局。

城镇空间、农业空间是与生态空间并列的三大国土空间。我国已有耕地红线、城镇开发边界等，生态保护红线是在生态空间范围内进行红线划定。生态保护红线是我国特有的概念，是结合我国生态保护实践，根据需要提出的创新性举措。生态保护红线的划定能够使国土空间开发、利用和保护边界更为清晰，明确哪里该保护，哪里能开发，对于落实一系列生态文明制度建设具有重要作用。

党的十九大报告明确提出完成生态保护红线、永久基本农田、城镇开发边界控制线划定工作。作为国土空间的"三大地盘"之一，生态保护红线是生态空间范围内具有特殊重要生态功能、必须强制性严格保护的区域，是保障和维护国家生态安全的底线和生命线。

划定并严守生态保护红线，是实施生态空间用途管制的重要举措，是构建国家生态安全格局的有效手段。其内涵概括为以下"四条线"：①生态保护红线是优质生态产品供给线。目的就是为人民群众提供清新的空气、清洁的水源和宜人的环境。②生态保护红线是人居环境安全保障线。避开水土流失、土地沙化、石漠化等生态环境敏感脆弱区域，保障人居安全。③生态保护红线是生物多样性保护基线。将生物多样性保护的空缺地区纳入保护范围，确保国家重点保护物种保护率达 100%。④生态保护红线是国家生态安全的底线和生命线。在维护生物多样性、提供优质产品、保障人居环境安全方面支撑着经济社会发展，也为国家生态安全提供了坚实支撑和保障。

8.2　践行生态文明理念、筑牢北京生态安全屏障

建设美丽北京首先要深入贯彻落实习近平生态文明思想，牢固树立生态优先理念，坚持尊重自然、顺应自然、保护自然，深入推进生态环境保护工作，筑牢国家生态安全屏障，实现首都经济效益、社会效益、生态效益相统一。

生态保护红线是具有重要生态功能的生态用地，必须严格用途管制，将这条线画好守牢，形成生态保护红线全国一张图，实现一条红线管控重要生态空间，为子孙后代留下可持续发展的绿色银行。

全社会应积极践行生态文明理念，政府主导、企业自律、公众参与的生态环境保护全民行动格局基本形成。各级政府部门深入推进生态文明建设，统筹疫情防控和生态环境保护，积极组织开展生态环境整治攻坚行动，全面履行生态环境保护监督管理职责。各类企事业单位主动履行生态环境保护主体责任，积极采取可行技术，遏制违章违

法建设行为，主动向社会公开环境信息，接受社会监督。全社会参与生态环境保护监督，为北京生态环境保护建言献策，为美丽北京建设助力。新闻媒体通过电视、广播、报刊、互联网等融媒体平台，全景多维讲好全社会生态保护攻坚故事，丰富生态环境文化产品供给，让环保行动深入人心，凝聚强大公众参与力量，生态环境文化氛围日益浓厚。

"十四五"时期是我国全面建成小康社会、实现第一个百年奋斗目标后，乘势而上、开启全面建设社会主义现代化国家新征程、向第二个百年奋斗目标进军 的第一个五年。2021 年是"十四五"规划的开局之年，也是中国共产党成立 100 周年，北京市将继续坚持习近平新时代中国特色社会主义思想，全面贯彻党的十九大和十九届二中、三中、四中、五中全会精神，全面落实党中央、国务院决策部署，立足新发展阶段，贯彻新发展理念，构建新发展格局，坚持"首善"标准，着力构建特大型城市现代环境治理体系，统筹推进应对气候变化和污染防治攻坚，促进生态环境质量持续改善，生态文明建设实现新进步。

第9章 总结与展望

当前我国生态环境总体仍比较脆弱，生态安全形势十分严峻。划定并严守生态保护红线，是健全生态文明制度体系、推动绿色发展的有力保障。

9.1 北京市生态红线划定工作成效与经验

北京市生态环保相关部门深入贯彻落实习近平生态文明思想和全国生态环境保护大会精神，全面贯彻落实国家和北京市关于生态文明建设的总体部署，坚持"绿水青山就是金山银山"的理念，严格落实《北京城市总体规划（2016年—2035年）》，划定并严守生态保护红线，实现了一条红线管控重要生态空间，确保生态功能不降低、面积不减少、性质不改变，牢固构筑北京市生态安全屏障。

目前，除东城、西城（核心区为非生态保护红线区域）外的14个行政区域，按照国家总体要求、北京市委、北京市人民政府《关于全面加强生态环境保护坚决打好北京市污染防治攻坚战的意见》（京发〔2017〕27号）以及《北京市划定并验收生态保护红线实施方案》（京政办字〔2017〕27号）有关规定，2020年各区政府已完成生态保护红线勘界定标工作，相关生态保护工作取得重大进展。

只有具备明确的边界，生态保护红线才能清晰落地，便于管理。北京市生态保护红线落地后，明晰各类基本信息，形成生态保护红线数据一个库、分布一张图，在勘界基础上设立统一规范的标识标牌，让公众真实感受到生态保护红线的存在。

北京市生态保护红线划定校核成果表明北京生态保护红线空间布局未改变，呈现出"两屏两带"的空间格局，"两屏"是指北部燕山生态屏障和西部太行山生态屏障；"两带"是指永定河沿线生态防护带、潮白河-古运河沿线生态保护带。按照主导生态功能，划分为生物多样性维护、水土保持、水源涵养和重要河湖湿地 4 个类型 11 个区块。生态多样性维护类型主要为西部的百花山、东灵山，西北部的松山、玉渡山、海坨山，北部的喇叭沟门等区域；水土保持类型主要分布在西部西山一带；水源涵养类型主要分布在北部军都山一带，即密云水库、怀柔水库和官厅水库的上游地区；重要河流湿地即五条一级河道及"三库一渠"等重要河流湿地，北京市生态保护红线总面积约 4290.52km²，校核之后面积 4306.61km²，满足面积不减少原则。生态保护红线周长约 18463.1km，同时考虑与北京市接边的部分津冀地区，北京市生态保护红线区域占市域面积约为 26.1%，共涉及 14 个行政区域。

在加强生态建设中，实践证明：划定并严守生态保护红线绝对是最实用的招数之一。各级各部门牢固树立"四个意识"，提高政治站位，充分认识划定并严守生态保护红线，是构建国家生态安全屏障、建设美丽北京的重要内容和重大工作，是彻底理顺北京各类生态保护区关系、实现一条红线管控重要生态空间的重大机遇，进而明确战略目标，相关工作开展始终以人民群众根本利益为出发点，实现全社会共同参与、共同建设、共享成果的良性互动。北京市已全面完成生态保护红线划定，勘界定标等工作，基本建立生态保护红线制度。

9.2 落实好北京生态保护红线划定成果的看法与建议

生态保护红线划定后，根据国家规定，北京市生态保护红线严禁不符合主体功能定位的各类开发活动，严禁任意改变用途，确保生态功能不降低、面积不减少、性质不改变。生态保护红线划定后，只能增加，不能减少。

下一步，北京市将推进生态保护红线地方立法，建立健全责任体系、监测评估、监督考核、政策激励等制度，保障生态保护红线落地实施、严格执行。

　　我们应该如何有效地落实生态保护红线划定的相关成果，让碧水蓝天有效延续下去，作者结合自身工作实践，提出以下几点建议。

　　(1) 明确生态保护红线优先地位。明确生态保护红线划定后，相关规划要符合生态保护红线空间管控要求，不符合的要及时进行调整。空间规划编制要将生态保护红线作为重要基础，发挥生态保护红线对于国土空间开发的底线作用。强化用途管制，严禁任意改变用途，杜绝不合理开发建设活动对生态保护红线的破坏。

　　(2) 强调要科学划定生态保护红线。划定生态保护红线是一个严肃的决策过程，丝毫容不得马虎。生态保护红线不是虚无缥缈的魔术线，过程复杂多变，划定生态红线要充分尊重自然资源相关规定，协调好空间生态关系，充分体现科学性、现实性，生态环境保护是一条硬杠杠，所以必须要认真学习领会政策要求、吃透精神，积极做好生态保护红线划定与各种总体规划、专项规划的衔接，既着眼当前，又利于长远地规划红线，一旦划定，就必须将其打造成一条不可逾越的高压线。最终一定要把生态保护红线落实到地块，通过自然资源统一确权登记明确用地性质和土地权属，形成生态保护红线全国一张图。在勘界基础上设立统一规范的标识标牌，确保生态保护红线落地准确、边界清晰。

　　(3) 强化生态保护红线刚性约束。生态红线划定后，要把"保护"落实到位，切实避免生态红线划定了，但是没有办法能守得住、护得好、留得长，通过优化自然资源管理模式，形成一整套生态保护红线管控和激励措施，包括落实地方各级党委和政府主体责任、加大生态保护补偿力度、建立监测网络和监管平台、开展定期评价和考核、强化执法监督、严格责任追究等，切忌把生态红线变成一根可以随便伸缩的橡皮筋。

　　(4) 始终坚持生态保护与修复并举。生态红线划定后要持续实施生态红线保护与修复，以此作为山水林田湖草生态保护和修复工程的重要内容。可以考虑以县、区级行政区为基本单元建立生态保护红线台账系统，制订实施生态系统保护与修复方案。优先保护良好生态系统和重要物种栖息地，建立和完善生态廊道，提高生态系统完整性和连通性。分区分类开展受损生态系统修复，采取以封禁为主的自然恢复措施，辅以人工修复，改善和提升生态功能。选择水源涵养和生物多样性维护为主导生态功能的生态保护红线，开展保护与修复示范。

（5）建立健全生态红线保护评价机制。国家、省级、市级环境保护、发展改革部门应会同有关部门建立生态保护红线评价机制。从生态系统格局、质量和功能等方面，建立生态保护红线生态功能评价指标体系和方法。定期组织开展评价，及时掌握各行政区域、重点区域生态保护红线生态功能状况及动态变化，评价结果作为优化生态保护红线布局、安排区域生态保护补偿资金的依据。还可以根据评价结果和目标任务完成情况，对各级党委和政府开展生态保护红线保护成效考核，并将考核结果纳入生态文明建设目标评价考核体系，及时向社会公布，对违反生态保护红线管控要求、造成生态破坏的，按相关规定实行责任追究。对造成生态环境资源严重破坏的，要实行终身追责，责任人不论是否已调离、提拔或者退休，都必须严格追责。

总之，生态保护红线划定是基础，严守才是关键。要充分运用现代科技手段，深化"放管服"改革，建立严格的管控体系，不折不扣地把划定的生态保护红线落到实处，实现一条红线管控重要生态空间，确保生态功能不降低、面积不减少、性质不改变。要把生态保护这根红线划到干部群众的头脑里，只有这样，才能扎实推进北京市高质量发展和绿色发展，筑牢我国重要的生态安全屏障，为子孙后代留下天蓝地绿水清的美丽家园。

参 考 文 献

［1］ 张文国，饶胜，张箫，等.把握划定并严守生态保护红线的八个要点［J］.环境保护，2017，45（23）：14－17.

［2］ 高吉喜.国家生态保护红线体系建设构想［J］.环境保护，2014，42（Z1）：18－21.

［3］ 张聪达，刘强.基于分区管控的北京市生态保护红线划定研究［J］.北京规划建设，2015（3）：124－127.

［4］ 邹长新，王丽霞，刘军会.论生态保护红线的类型划分与管控［J］.生物多样性，2015，23（6）：716－724.

［5］ 杨邦杰，高吉喜，邹长新.划定生态保护红线的战略意义［J］.中国发展，2014，14（1）：1－4.

［6］ 高吉喜，邹长新，郑好.推进生态保护红线落地 保障生态文明制度建设［J］.环境保护，2015，43（11）：26－29.

［7］ 王宝，王涛，王勤花，等.关于确保甘肃省祁连山生态保护红线落地并严守的科技支撑建议［J］.中国沙漠，2019，39（1）：7－11.

［8］ 邹长新，徐梦佳，林乃峰，等.生态保护红线的内涵辨析与统筹推进建议［J］.环境保护，2015，43（24）：54－57.

［9］ 韩琪瑶.基于生态安全格局的哈尔滨市阿城区生态保护红线规划研究［D］.哈尔滨：哈尔滨工业大学，2016.

［10］ 张惠远，郝海广，张哲.生态保护红线构建路径思考［J］.环境保护，2017，45（23）：18－21.

［11］ 俞仙炯，崔旺来，邓云成，等.海岛生态保护红线制度建构初探［J］.海洋湖沼通报，2017（6）：115－121.

［12］ 万红梅，李霞，董道瑞.基于多源遥感数据的荒漠植被覆盖度估测［J］.应用生态学报，2012，23（12）：3331－3337.

［13］ 张雪飞，王传胜，李萌.国土空间规划中生态空间和生态保护红线的划定［J］.地理研究，2019，38（10）：2430－2446.

［14］ 杨永宏，李增加，杨美临，等.划定生态保护红线纳入县域空间规划［J］.环境与发展，2016，28（1）：1－5.

[15] 李萌，王传胜，张雪飞. 国土空间规划中水源涵养功能生态保护红线备选区的识别 [J]. 地理研究，2019，38 (10)：2447 - 2457.

[16] 尚卫超，于大海，翟永利，等. 基于分类回归树的气候变化-植被分布模型研究 [J]. 哈尔滨师范大学自然科学学报，2014，30 (3)：163 - 165.

[17] 宋安琪. 生态保护红线法律制度研究 [D]. 长春：吉林大学，2019.

[18] 中华人民共和国国民经济和社会发展第十三个五年规划纲要（摘录）[J]. 建筑节能，2016 (4)：1 - 1.

[19] 饶胜，张强，牟雪洁. 划定生态红线创新生态系统管理 [J]. 环境经济，2012 (6)：57 - 60.

[20] 黄金川，林浩曦，漆潇潇. 面向国土空间优化的三生空间研究进展 [J]. 地理科学进展，2017，36 (3)：36 (3)：378 - 391.

[21] 王丽霞，邹长新，王燕等. 基于 GIS 识别生态保护红线边界的方法——以北京市昌平区为例 [J]. 生态学报，2017，37 (018)：6176 - 6185.

[22] 侯现慧. 生态文明背景下"三线"协调划定研究 [D]. 北京：中国地质大学，2017.

[23] Brown D G，Duh J D. Spatial simulation for translating from land use to land cover [J]. International Journal of Geographical Information Science，2004，18 (1)：35 - 60.

[24] HU Y，NACUN B. An Analysis of Land - Use and Land - Cover Change in the Zhujiang - Xijiang Economic Belt, China, from 1990 to 2017 [J]. Applied Sciences，2018，8 (9)：1524.

[25] WANG Y，ZHANG S，ZHEN H，et al. Spatiotemporal Evolution Characteristics in Ecosystem Service Values Based on Land Use/Cover Change in the Tarim River Basin, China [J]. Sustainability，2020，12 (18)：1 - 16.

[26] 谢杨波. 生态保护红线划定及土地利用分区（布局）研究——以浙江省临安市为例 [D]. 杭州：浙江大学，2015.

[27] 朱康文，雷波，李月臣，等. 生态红线保护下的两江新区土地利用/覆盖情景模拟及生态价值评估 [J]. 环境科学研究，2017，30 (11)：1801 - 1812.

[28] 陈兵飞，廖铁军，张莉坤. 生态红线约束下万州区土地利用情景模拟及生态价值评估 [J]. 水土保持研究，2020，27 (5)：349 - 357，364.

[29] 饶永恒，张建军，徐琴，等. 人口、经济、土地耦合协调度空间差异分析 [J]. 统计与决策，2016 (20)：133 - 136.

[30] 孙玲，单捷，毛良君，等. 基于遥感和 Moran's I 指数的水稻面积变化空间自相关性研究 [J]. 江苏农业学报，2016，32 (5)：1060 - 1065.

[31] 李一琼，刘艳芳，唐旭. 广西生态足迹及影响因子的空间差异分析 [J]. 测绘科学，2016，41（11）：72 - 78.

[32] 王建华，秦其明，杜宸，等. 局部空间自相关统计洪水灾害影像分析 [J]. 测绘科学，2015（10）：28 - 31.

[33] 李文慧，韩惠. 兰州市商品住宅价格的空间分异规律 [J]. 测绘科学，2018，43（2）：45 - 50.

[34] 郑梦柳，杨红磊，彭军还，等. 市域尺度货物运输碳排放时空变化及因素分析 [J]. 测绘科学，2019，44（5）：76 - 84.

[35] 马友平，谭世明，吕宗耀，等. 武陵山片区县域经济的空间差异分析 [J]. 测绘科学，2018，43（3）：58 - 64，70.

[36] 毕硕本，万蕾，沈香，等. 郑洛地区史前聚落分布特征的空间自相关分析 [J]. 测绘科学，2018（5）：90 - 97.

[37] 中华人民共和国生态环境部，中华人民共和国自然资源部. 生态保护红线勘界定标技术规程. 环办生态〔2019〕49 号 [Z]. 北京：中华人民共和国生态环境部，2019.

[38] 北京市生态环境局，北京市测绘设计研究院，北京市环境保护科学研究院. 北京市生态保护红线勘界定标技术规程 [S]. 北京：北京市生态环境局，2019.

[39] LIU D，LIN N F，ZOU C X，et al. Development of foreign ecological protected areas and linkages to ecological protection redline delineation and management in China [J]. Biodiversity Science，2015，23（6）：708 - 715.

[40] 高寒，李伟玮，包旭，等. 大庆市生态保护红线划定及区域内土地利用现状分析 [J]. 黑龙江生态工程职业学院学报，2020，33（3）：5 - 6，47.

[41] 吕尧. 基于生态保护红线的自然保护地管理体系构建问题探析 [J]. 农业与技术，2020，40（8）：124 - 125.

[42] 梁伟，刘长宁，姚建华，等. 生态保护红线勘界定标技术应用研究 [J]. 宁夏工程技术，2020，19（1）：62 - 66.

[43] 张春才，李叶，王祥涛，等. 基于县级尺度的生态保护红线划定方法与实践——以吉林省大安市为例 [J]. 国土与自然资源研究，2020（1）：70 - 74.

[44] 徐樑，桑劲，彭敏学，等. 生态保护红线评估调整过程中的现实问题与优化建议 [J]. 城乡规划，2020（1）：48 - 57，78.

[45] 方勇，黄建洲，罗成. 浅谈地方生态保护红线的评估问题——以湖北黄冈市为例 [J]. 中国土地，2020（2）：37 - 39.

[46] 王焕之，刘婷，徐鹤，等. 国际经验对我国生态保护红线管理的启示 [J].

环境影响评价，2020，42（1）：43-48.

［47］ 张亦楠，张征云，李怀明，等.生态保护红线下的自然保护地体系建设问题探讨［J］.环境生态学，2019，1（8）：49-52.

［48］ 辛培源，田甜，战强.自然保护地与生态保护红线的发展关系研究［J］.环境生态学，2019，1（4）：29-33.

［49］ 侯鹏，王桥，杨旻，等.生态保护红线成效评估框架与指标方法［J］.地理研究，2018，37（10）：1927-1937.

［50］ 韩雪培，傅小毛，汤景燕，等.图上曲线长度量算的分维纠正法［J］.华东师范大学学报（自然科学版），2006（6）：34-40.

附录 A 生态保护红线变化图斑记录表

图斑编号		红线名称	
所在地			
勘界前面积/km²		勘界后面积/km²	
图斑变化依据			
图斑所在区域正射影像图			
影像时间			
备注			

填表人		日期		审核人		日期	

附录 B　北京市海淀区生态保护红线校核地块清单及说明

　　将校核过程中调整的斑块分为增加、减少两类，分别对增加及减少的斑块按照精度超限、与现状建设矛盾、与规划矛盾、与行政边界保持一致、保持生境完整五类进行分别说明校核原因及依据，共涉及调整斑块 257 处。校核前，红线面积约 19.11km²，校核后，红线面积约 19.11km²，校核前后面积增加约 0.002km²。减少斑块共涉及生境完整性、精度超限、与规划矛盾、与现状建设矛盾 4 种类型，涉及减少斑块 136 处，减少斑块面积约 0.45km²；增加斑块共涉及保持生境完整、精度超限、与行政边界保持一致及与规划矛盾 4 种类型，涉及增加斑块 121 处，增加面积约 0.45km²。

B.1　减少斑块说明

　　减少斑块共涉及保持生境完整性类、精度超限类、与规划矛盾类、与现状建设矛盾 4 类，涉及减少斑块 136 处，减少斑块面积共约 0.45km²。其中，保持生境完整性类，共 21 处，面积约 0.20km²；精度超限类，共 48 处，面积约 0.14km²；与规划矛盾类，共 66 处，面积约 0.03km²；与现状建设矛盾类，共 1 处，面积约 0.08km²。具体统计见表 B.1。

表 B.1　　　　　　　　减　少　斑　块　说　明

序号	唯一编码	校核类型	具体原因	校核依据	面积/km²	周长/km
1	HD_1	与规划矛盾	专项规划	凤凰岭森林公园专项规划建设用地	0.0008	0.1672

序号	唯一编码	校核类型	具体原因	校核依据	面积/km²	周长/km
2	HD_2	与规划矛盾	专项规划	凤凰岭森林公园专项规划建设用地	0.0001	0.0369
3	HD_3	与规划矛盾	专项规划	凤凰岭森林公园专项规划建设用地	0.0001	0.0438
4	HD_4	与规划矛盾	专项规划	凤凰岭森林公园专项规划建设用地	0.0000	0.0243
5	HD_5	与规划矛盾	专项规划	凤凰岭森林公园专项规划建设用地	0.0000	0.0249
6	HD_6	与规划矛盾	专项规划	凤凰岭森林公园专项规划建设用地	0.0001	0.0369
7	HD_7	与规划矛盾	专项规划	凤凰岭森林公园专项规划建设用地	0.0002	0.0636
8	HD_8	与规划矛盾	专项规划	凤凰岭森林公园专项规划建设用地	0.0003	0.0784
9	HD_9	与规划矛盾	专项规划	凤凰岭森林公园专项规划建设用地	0.0002	0.0636
10	HD_10	与规划矛盾	专项规划	凤凰岭森林公园专项规划建设用地	0.0003	0.0784
11	HD_11	与规划矛盾	专项规划	凤凰岭森林公园专项规划建设用地	0.0001	0.0345
12	HD_12	与规划矛盾	专项规划	凤凰岭森林公园专项规划建设用地	0.0000	0.0289
13	HD_13	与规划矛盾	专项规划	凤凰岭森林公园专项规划建设用地	0.0001	0.0542
14	HD_14	与规划矛盾	专项规划	凤凰岭森林公园专项规划建设用地	0.0000	0.0032
15	HD_62	保持生境完整性	衔接自然边界	林业小班数据	0.0000	0.0417
16	HD_63	精度超限	破碎图斑	遥感影像数据	0.0000	0.0088
17	HD_64	精度超限	红线切割建设用地的边界（如房屋、道路等）	遥感影像数据	0.0000	0.0263

续表

序号	唯一编码	校核类型	具体原因	校核依据	面积/km²	周长/km
18	HD_65	精度超限	红线切割建设用地的边界（如房屋、道路等）	遥感影像数据	0.0020	0.3119
19	HD_66	精度超限	红线切割建设用地的边界（如房屋、道路等）	遥感影像数据	0.0057	0.9827
20	HD_67	精度超限	红线切割建设用地的边界（如房屋、道路等）	遥感影像数据	0.0387	4.2886
21	HD_68	精度超限	红线切割建设用地的边界（如房屋、道路等）	遥感影像数据	0.0041	0.5145
22	HD_69	保持生境完整性	衔接各类保护区边界	北京市森林公园	0.0163	0.8353
23	HD_70	保持生境完整性	衔接自然边界	林业小班数据	0.0003	0.0981
24	HD_71	精度超限	红线切割建设用地的边界（如房屋、道路等）	土地利用现状数据 2013 年度	0.0201	2.1179
25	HD_72	精度超限	红线切割建设用地的边界（如房屋、道路等）	遥感影像数据	0.0001	0.0635
26	HD_73	精度超限	红线切割建设用地的边界（如房屋、道路等）	遥感影像数据	0.0000	0.0919
27	HD_74	精度超限	红线切割建设用地的边界（如房屋、道路等）	遥感影像数据	0.0004	0.1922
28	HD_75	精度超限	红线切割建设用地的边界（如房屋、道路等）	地理国情监测数据/遥感影像数据	0.0314	1.8223

序号	唯一编码	校核类型	具体原因	校核依据	面积/km²	周长/km
29	HD_76	精度超限	红线切割建设用地的边界（如房屋、道路等）	地理国情监测数据/遥感影像数据	0.0034	0.3282
30	HD_77	精度超限	红线切割建设用地的边界（如房屋、道路等）	遥感影像数据	0.0089	0.4577
31	HD_78	精度超限	红线切割建设用地的边界（如房屋、道路等）	遥感影像数据	0.0003	0.1153
32	HD_79	精度超限	红线切割建设用地的边界（如房屋、道路等）	遥感影像数据	0.0072	1.8672
33	HD_80	精度超限	红线切割建设用地的边界（如房屋、道路等）	遥感影像数据	0.0008	0.2563
34	HD_81	保持生境完整性	衔接自然边界	林业小班数据	0.0167	0.8084
35	HD_82	保持生境完整性	衔接自然边界	林业小班数据	0.0001	0.0470
36	HD_83	保持生境完整性	衔接自然边界	林业小班数据	0.0001	0.0526
37	HD_84	保持生境完整性	衔接自然边界	林业小班数据	0.0035	0.3247
38	HD_85	精度超限	红线切割建设用地的边界（如房屋、道路等）	遥感影像数据	0.0000	0.0029
39	HD_86	精度超限	红线切割建设用地的边界（如房屋、道路等）	遥感影像数据	0.0012	0.1551
40	HD_87	精度超限	红线切割建设用地的边界（如房屋、道路等）	遥感影像数据	0.0000	0.0052

续表

序号	唯一编码	校核类型	具体原因	校核依据	面积/km²	周长/km
41	HD_88	精度超限	红线切割建设用地的边界（如房屋、道路等）	遥感影像数据	0.0000	0.0255
42	HD_89	精度超限	红线切割建设用地的边界（如房屋、道路等）	遥感影像数据	0.0000	0.0229
43	HD_90	精度超限	红线切割建设用地的边界（如房屋、道路等）	遥感影像数据	0.0001	0.0977
44	HD_91	与规划矛盾	专项规划	海淀河湖水系规划图	0.0000	0.0142
45	HD_92	精度超限	红线切割建设用地的边界（如房屋、道路等）	遥感影像数据	0.0001	0.0927
46	HD_93	精度超限	红线切割建设用地的边界（如房屋、道路等）	遥感影像数据	0.0001	0.0496
47	HD_94	精度超限	红线切割建设用地的边界（如房屋、道路等）	遥感影像数据	0.0006	0.3856
48	HD_95	精度超限	红线切割建设用地的边界（如房屋、道路等）	遥感影像数据	0.0001	0.0785
49	HD_96	保持生境完整性	衔接自然边界	地理国情监测数据、外业调查	0.0082	1.7158
50	HD_97	保持生境完整性	衔接自然边界	地形图、遥感影像数据、外业调查	0.0212	1.5816
51	HD_98	与现状建设矛盾	红线内存在大规模居民点中邬新村	遥感影像数据	0.0777	1.2679
52	HD_99	保持生境完整性	衔接自然边界	不动产权籍调查成果数据20180822	0.0024	1.4215
53	HD_100	精度超限	破碎图斑	遥感影像数据	0.0009	0.1650

序号	唯一编码	校核类型	具体原因	校核依据	面积/km²	周长/km
54	HD_101	精度超限	破碎图斑	遥感影像数据	0.0009	0.1473
55	HD_102	精度超限	破碎图斑	遥感影像数据	0.0000	0.0337
56	HD_103	精度超限	破碎图斑	遥感影像数据	0.0002	0.0919
57	HD_104	精度超限	破碎图斑	遥感影像数据	0.0006	0.5799
58	HD_105	精度超限	破碎图斑	遥感影像数据	0.0005	0.1595
59	HD_106	精度超限	破碎图斑	遥感影像数据	0.0005	0.1005
60	HD_107	精度超限	破碎图斑	遥感影像数据	0.0000	0.0258
61	HD_108	精度超限	红线切割建设用地的边界（如房屋、道路等）	遥感影像数据	0.0022	0.2471
62	HD_109	精度超限	红线切割建设用地的边界（如房屋、道路等）	遥感影像数据	0.0001	0.0557
63	HD_110	精度超限	红线切割建设用地的边界（如房屋、道路等）	遥感影像数据	0.0000	0.0639
64	HD_111	精度超限	红线切割建设用地的边界（如房屋、道路等）	遥感影像数据	0.0002	0.1550
65	HD_112	精度超限	红线切割建设用地的边界（如房屋、道路等）	遥感影像数据	0.0000	0.0273
66	HD_113	精度超限	红线切割建设用地的边界（如房屋、道路等）	遥感影像数据	0.0001	0.0478
67	HD_114	精度超限	红线切割建设用地的边界（如房屋、道路等）	遥感影像数据	0.0001	0.0300

续表

序号	唯一编码	校核类型	具体原因	校核依据	面积/km²	周长/km
68	HD_115	精度超限	红线切割建设用地的边界（如房屋、道路等）	遥感影像数据	0.0042	0.7247
69	HD_118	与规划矛盾	专项规划	海淀河湖水系规划图	0.0024	0.4661
70	HD_121	与规划矛盾	专项规划	海淀河湖水系规划图	0.0000	0.0457
71	HD_125	与规划矛盾	专项规划	海淀河湖水系规划图	0.0002	0.4208
72	HD_126	与规划矛盾	专项规划	海淀河湖水系规划图	0.0000	0.0453
73	HD_127	与规划矛盾	专项规划	海淀河湖水系规划图	0.0000	0.1901
74	HD_128	保持生境完整性	衔接自然边界	2013年度土地利用现状数据	0.0005	0.1312
75	HD_129	与规划矛盾	专项规划	地理国情监测数据、西山公墓用地情况平面图	0.0001	0.1030
76	HD_194	与规划矛盾	专项规划	海淀河湖水系规划图	0.0000	0.2079
77	HD_195	与规划矛盾	专项规划	海淀河湖水系规划图	0.0000	0.0658
78	HD_196	与规划矛盾	专项规划	海淀河湖水系规划图	0.0001	0.1218
79	HD_197	与规划矛盾	专项规划	海淀河湖水系规划图	0.0003	0.1862
80	HD_198	与规划矛盾	专项规划	海淀河湖水系规划图	0.0000	0.0038
81	HD_199	与规划矛盾	专项规划	海淀河湖水系规划图	0.0006	0.1599
82	HD_200	与规划矛盾	专项规划	海淀河湖水系规划图	0.0009	0.8721

序号	唯一编码	校核类型	具体原因	校核依据	面积/km²	周长/km
83	HD_201	与规划矛盾	专项规划	海淀河湖水系规划图	0.0000	0.0104
84	HD_202	与规划矛盾	专项规划	海淀河湖水系规划图	0.0000	0.0196
85	HD_203	与规划矛盾	专项规划	海淀河湖水系规划图	0.0000	0.0038
86	HD_204	与规划矛盾	专项规划	海淀河湖水系规划图	0.0003	0.5485
87	HD_205	与规划矛盾	专项规划	海淀河湖水系规划图	0.0005	0.4705
88	HD_206	与规划矛盾	专项规划	海淀河湖水系规划图	0.0002	0.2675
89	HD_207	与规划矛盾	专项规划	海淀河湖水系规划图	0.0003	0.2330
90	HD_208	与规划矛盾	专项规划	海淀河湖水系规划图	0.0000	0.0245
91	HD_209	与规划矛盾	专项规划	海淀河湖水系规划图	0.0000	0.0160
92	HD_210	与规划矛盾	专项规划	海淀河湖水系规划图	0.0007	0.8784
93	HD_211	与规划矛盾	专项规划	海淀河湖水系规划图、2013 年度土地利用现状数据	0.0081	1.9397
94	HD_212	与规划矛盾	专项规划	海淀河湖水系规划图	0.0002	0.5003
95	HD_213	与规划矛盾	专项规划	海淀河湖水系规划图	0.0001	0.1388
96	HD_214	与规划矛盾	专项规划	海淀河湖水系规划图	0.0002	0.2453
97	HD_215	与规划矛盾	专项规划	海淀河湖水系规划图	0.0018	0.2914

续表

序号	唯一编码	校核类型	具体原因	校核依据	面积/km²	周长/km
98	HD_216	与规划矛盾	专项规划	海淀河湖水系规划图	0.0016	1.9131
99	HD_217	与规划矛盾	专项规划	海淀河湖水系规划图	0.0002	0.2958
100	HD_218	与规划矛盾	专项规划	海淀河湖水系规划图	0.0001	0.2098
101	HD_219	与规划矛盾	专项规划	海淀河湖水系规划图	0.0004	0.6238
102	HD_220	与规划矛盾	专项规划	海淀河湖水系规划图	0.0009	0.5768
103	HD_221	与规划矛盾	专项规划	海淀河湖水系规划图	0.0017	1.2168
104	HD_222	与规划矛盾	专项规划	海淀河湖水系规划图	0.0010	0.7148
105	HD_223	与规划矛盾	专项规划	海淀河湖水系规划图	0.0027	2.0776
106	HD_224	与规划矛盾	专项规划	海淀河湖水系规划图	0.0000	0.0373
107	HD_225	与规划矛盾	专项规划	海淀河湖水系规划图	0.0000	0.0189
108	HD_226	与规划矛盾	专项规划	海淀河湖水系规划图	0.0009	1.0663
109	HD_227	与规划矛盾	专项规划	海淀河湖水系规划图	0.0003	1.2041
110	HD_228	与规划矛盾	专项规划	海淀河湖水系规划图	0.0001	0.2293
111	HD_229	与规划矛盾	专项规划	海淀河湖水系规划图	0.0001	0.0977
112	HD_230	与规划矛盾	专项规划	海淀河湖水系规划图	0.0000	0.0955
113	HD_231	与规划矛盾	专项规划	海淀河湖水系规划图	0.0000	0.0029

序号	唯一编码	校核类型	具体原因	校核依据	面积/km²	周长/km
114	HD_232	精度超限	红线切割建设用地的边界（如房屋、道路等）	遥感影像数据	0.0004	0.0870
115	HD_233	精度超限	红线切割建设用地的边界（如房屋、道路等）	遥感影像数据	0.0026	0.5996
116	HD_234	精度超限	红线切割建设用地的边界（如房屋、道路等）	遥感影像数据	0.0006	0.1453
117	HD_235	精度超限	红线切割建设用地的边界（如房屋、道路等）	遥感影像数据	0.0028	0.4247
118	HD_236	保持生境完整性	衔接各类保护区边界	禁止开发区域、生态涵养区、发展区、拓展区	0.0335	1.2143
119	HD_237	保持生境完整性	衔接各类保护区边界	北京市森林公园	0.0000	0.2848
120	HD_238	保持生境完整性	衔接自然边界	林业小班数据	0.0009	0.1456
121	HD_239	保持生境完整性	衔接自然边界	2013 年度土地利用现状数据	0.0041	0.4353
122	HD_240	保持生境完整性	衔接自然边界	林业小班数据	0.0366	0.9877
123	HD_241	保持生境完整性	衔接自然边界	林业小班数据	0.0468	1.8421
124	HD_242	保持生境完整性	衔接自然边界	遥感影像数据、土地利用调查数据及专项规划数据	0.0015	0.3715
125	HD_243	与规划矛盾	专项规划	西山公墓用地情况平面图	0.0011	0.1696

续表

序号	唯一编码	校核类型	具体原因	校核依据	面积/km²	周长/km
126	HD_244	保持生境完整性	衔接自然边界	2013年度土地利用现状数据	0.0001	0.0327
127	HD_245	保持生境完整性	衔接自然边界	林业小班数据	0.0026	0.2175
128	HD_246	精度超限	红线切割建设用地的边界（如房屋、道路等）	遥感影像数据	0.0006	0.3412
129	HD_249	与规划矛盾	专项规划	凤凰岭森林公园专项规划建设用地	0.0000	0.0270
130	HD_250	与规划矛盾	专项规划	凤凰岭森林公园专项规划建设用地	0.0002	0.0621
131	HD_251	与规划矛盾	专项规划	凤凰岭森林公园专项规划建设用地	0.0000	0.0187
132	HD_252	与规划矛盾	专项规划	凤凰岭森林公园专项规划建设用地	0.0000	0.0251
133	HD_253	与规划矛盾	专项规划	凤凰岭森林公园专项规划建设用地	0.0001	0.0360
134	HD_254	与规划矛盾	专项规划	凤凰岭森林公园专项规划建设用地	0.0003	0.0903
135	HD_255	精度超限	红线压盖现状房屋	遥感影像数据	0.0000	0.0212
136	HD_256	保持生境完整性	不规则边界	遥感影像数据	0.0000	0.0011
		总计			**0.4475**	**52.5315**

B.2 增加斑块说明

海淀区生态保护红线校核前后，对红线进行调整，增加斑块共涉及4种类型，共涉及121处，面积增加共0.45km²。其中，保持生境完整性类，共 55 处，面积 0.30km²；精度超限类，共 11 处，面积 0.003km²；与行政边界保持一致类，共 9 处，面积 0.01km²；与规划矛盾类，共 46 处，面积 0.13km²。具体统计见表 B.2。

表 B.2　　　　　　　　增 加 斑 块 说 明

序号	唯一编码	校核类型	具体原因	校核依据	面积/km²	周长/km
1	HD_15	保持生境完整性	衔接自然边界	林业小班数据	0.0014	0.2363
2	HD_16	保持生境完整性	衔接自然边界	遥感影像数据	0.0000	0.0207
3	HD_17	与行政边界保持一致	增补到边界	年最终国标 XZQ 区县界限 20170927	0.0029	2.2569
4	HD_18	与行政边界保持一致	增补到边界	年最终国标 XZQ 区县界限 20170927	0.0001	0.0766
5	HD_19	与行政边界保持一致	增补到边界	年最终国标 XZQ 区县界限 20170927	0.0001	0.0634
6	HD_20	与行政边界保持一致	增补到边界	年最终国标 XZQ 区县界限 20170927	0.0000	0.0064
7	HD_21	与行政边界保持一致	增补到边界	年最终国标 XZQ 区县界限 20170927	0.0000	0.0529
8	HD_22	与行政边界保持一致	增补到边界	年最终国标 XZQ 区县界限 20170927	0.0000	0.0291
9	HD_23	保持生境完整性	衔接自然边界	林业小班数据	0.0005	0.6401
10	HD_24	保持生境完整性	衔接自然边界	林业小班数据	0.0000	0.3185
11	HD_25	保持生境完整性	衔接各类保护区边界	北京市森林公园	0.0029	0.3001
12	HD_26	保持生境完整性	衔接自然边界	林业小班数据	0.0001	0.4663
13	HD_27	保持生境完整性	衔接自然边界	林业小班数据	0.0001	0.6296
14	HD_28	保持生境完整性	衔接自然边界	林业小班数据	0.0002	0.9529

续表

序号	唯一编码	校核类型	具体原因	校核依据	面积/km²	周长/km
15	HD_29	保持生境完整性	衔接自然边界	遥感影像数据	0.0001	0.1288
16	HD_30	精度超限	不合理的孔洞	遥感影像数据	0.0016	0.1705
17	HD_31	与行政边界保持一致	增补到边界	年最终国标 XZQ 区县界限 20170927	0.0003	0.1794
18	HD_32	精度超限	不合理的孔洞	遥感影像数据	0.0001	0.0310
19	HD_33	精度超限	不合理的孔洞	遥感影像数据	0.0005	0.0877
20	HD_34	保持生境完整性	衔接自然边界	林业小班数据	0.0040	0.3474
21	HD_35	保持生境完整性	衔接自然边界	林业小班数据	0.0039	0.2787
22	HD_36	保持生境完整性	衔接自然边界	林业小班数据	0.0019	0.2925
23	HD_37	保持生境完整性	衔接自然边界	林业小班数据	0.0000	0.0243
24	HD_38	保持生境完整性	衔接自然边界	林业小班数据	0.0000	0.0187
25	HD_39	保持生境完整性	衔接自然边界	林业小班数据	0.0032	0.2572
26	HD_40	精度超限	不合理的孔洞	遥感影像数据	0.0001	0.1216
27	HD_41	精度超限	不合理的孔洞	遥感影像数据	0.0000	0.0125
28	HD_42	精度超限	不合理的孔洞	遥感影像数据	0.0000	0.0229
29	HD_43	保持生境完整性	衔接自然边界	2013 年度土地利用现状数据	0.0010	0.8391
30	HD_44	精度超限	不合理的孔洞	遥感影像数据	0.0000	0.0216
31	HD_45	精度超限	不合理的孔洞	遥感影像数据	0.0001	0.0682
32	HD_46	精度超限	不合理的孔洞	遥感影像数据	0.0000	0.0591
33	HD_47	保持生境完整性	衔接自然边界	林业小班数据	0.0000	0.1091

续表

序号	唯一编码	校核类型	具体原因	校核依据	面积/km²	周长/km
34	HD_48	保持生境完整性	衔接自然边界	遥感影像数据	0.0005	0.1233
35	HD_49	保持生境完整性	衔接自然边界	林业小班数据	0.0000	0.1908
36	HD_50	保持生境完整性	衔接自然边界	遥感影像数据	0.0000	0.0377
37	HD_51	保持生境完整性	衔接自然边界	遥感影像数据	0.0001	0.0375
38	HD_52	保持生境完整性	衔接自然边界	遥感影像数据	0.0002	0.0744
39	HD_53	保持生境完整性	衔接各类保护区边界	北京市森林公园	0.0000	0.1091
40	HD_54	精度超限	不合理的孔洞	遥感影像数据	0.0006	0.1002
41	HD_55	精度超限	不合理的孔洞	遥感影像数据	0.0000	0.3836
42	HD_56	保持生境完整性	衔接自然边界	遥感影像数据	0.0000	0.0297
43	HD_57	保持生境完整性	衔接自然边界	遥感影像数据	0.0000	0.0675
44	HD_58	保持生境完整性	衔接自然边界	林业小班数据	0.0000	0.0061
45	HD_59	保持生境完整性	衔接自然边界	林业小班数据	0.0000	0.3092
46	HD_60	保持生境完整性	衔接自然边界	遥感影像数据	0.0000	0.0650
47	HD_61	保持生境完整性	衔接自然边界	林业小班数据	0.0000	0.3110
48	HD_116	保持生境完整性	衔接自然边界	遥感影像数据	0.0012	0.3000
49	HD_117	保持生境完整性	衔接自然边界	遥感影像数据	0.0003	0.0802

续表

序号	唯一编码	校核类型	具体原因	校核依据	面积/km²	周长/km
50	HD_119	保持生境完整性	衔接自然边界	2013年度土地利用现状数据	0.0008	0.5855
51	HD_120	保持生境完整性	衔接自然边界	2013年度土地利用现状数据	0.0000	0.0169
52	HD_122	与规划矛盾	专项规划	海淀河湖水系规划图	0.0014	1.0941
53	HD_123	与规划矛盾	专项规划	海淀河湖水系规划图	0.0002	0.0691
54	HD_124	与规划矛盾	专项规划	海淀河湖水系规划图	0.0000	0.0094
55	HD_130	与规划矛盾	专项规划	海淀河湖水系规划图	0.0010	0.1482
56	HD_131	与规划矛盾	专项规划	海淀河湖水系规划图	0.0004	0.2267
57	HD_132	保持生境完整性	衔接自然边界	遥感影像数据	0.0000	0.0281
58	HD_133	保持生境完整性	衔接自然边界	遥感影像数据	0.0002	0.0675
59	HD_134	与规划矛盾	专项规划	海淀河湖水系规划图	0.0000	0.0575
60	HD_135	与规划矛盾	专项规划	海淀河湖水系规划图	0.0017	0.2255
61	HD_136	与规划矛盾	专项规划	海淀河湖水系规划图	0.0017	0.9573
62	HD_137	保持生境完整性	衔接各类保护区边界	禁止开发区域、生态涵养区、发展区、拓展区	0.0006	1.6640
63	HD_138	保持生境完整性	衔接各类保护区边界	禁止开发区域、生态涵养区、发展区、拓展区	0.0001	0.2487

续表

序号	唯一编码	校核类型	具体原因	校核依据	面积/km²	周长/km
64	HD_139	保持生境完整性	衔接各类保护区边界	禁止开发区域、生态涵养区、发展区、拓展区	0.0011	0.5404
65	HD_140	保持生境完整性	衔接各类保护区边界	禁止开发区域、生态涵养区、发展区、拓展区	0.0000	0.0047
66	HD_141	保持生境完整性	衔接各类保护区边界	禁止开发区域、生态涵养区、发展区、拓展区	0.0000	0.2985
67	HD_142	与规划矛盾	专项规划	海淀河湖水系规划图/土地利用现状数据2013年度	0.0213	1.0620
68	HD_143	与规划矛盾	专项规划	海淀河湖水系规划图	0.0003	0.0736
69	HD_144	与规划矛盾	专项规划	海淀河湖水系规划图	0.0001	0.0602
70	HD_145	与规划矛盾	专项规划	海淀河湖水系规划图	0.0013	0.2987
71	HD_146	保持生境完整性	连通性调整	遥感影像数据	0.0094	0.4572
72	HD_147	保持生境完整性	衔接自然边界	土地利用现状数据2013年度、遥感影像数据	0.0132	1.0854
73	HD_148	与规划矛盾	专项规划	海淀河湖水系规划图	0.0129	0.9149
74	HD_149	与规划矛盾	专项规划	海淀河湖水系规划图	0.0131	0.6403
75	HD_150	与规划矛盾	专项规划	海淀河湖水系规划图	0.0000	0.0343
76	HD_151	与规划矛盾	专项规划	海淀河湖水系规划图	0.0088	1.2293

续表

序号	唯一编码	校核类型	具体原因	校核依据	面积/km²	周长/km
77	HD_152	与规划矛盾	专项规划	海淀河湖水系规划图	0.0000	0.0086
78	HD_153	与规划矛盾	专项规划	海淀河湖水系规划图	0.0006	0.3141
79	HD_154	与规划矛盾	专项规划	海淀河湖水系规划图	0.0014	0.3735
80	HD_155	与规划矛盾	专项规划	海淀河湖水系规划图	0.0000	0.0032
81	HD_156	与规划矛盾	专项规划	海淀河湖水系规划图	0.0000	0.0866
82	HD_157	与规划矛盾	专项规划	海淀河湖水系规划图	0.0001	0.1446
83	HD_158	与规划矛盾	专项规划	海淀河湖水系规划图	0.0016	1.8550
84	HD_159	与规划矛盾	专项规划	海淀河湖水系规划图	0.0003	0.0729
85	HD_160	与规划矛盾	专项规划	海淀河湖水系规划图	0.0018	0.1740
86	HD_161	与规划矛盾	专项规划	海淀河湖水系规划图	0.0037	0.8769
87	HD_162	保持生境完整性	连通性调整	海淀河湖水系规划图	0.0418	5.5204
88	HD_163	保持生境完整性	连通性调整	海淀河湖水系规划图	0.1696	3.1931
89	HD_164	与规划矛盾	专项规划	海淀河湖水系规划图	0.0008	1.0012
90	HD_165	保持生境完整性	连通性调整	海淀河湖水系规划图	0.0022	0.1971
91	HD_166	与规划矛盾	专项规划	海淀河湖水系规划图	0.0047	4.1357

续表

序号	唯一编码	校核类型	具体原因	校核依据	面积/km²	周长/km
92	HD_167	与规划矛盾	专项规划	海淀河湖水系规划图	0.0100	1.8476
93	HD_168	与行政边界保持一致	增补到边界	海淀河湖水系规划图	0.0000	0.0816
94	HD_169	与规划矛盾	专项规划	海淀河湖水系规划图	0.0000	0.0489
95	HD_170	与规划矛盾	专项规划	海淀河湖水系规划图	0.0000	0.0288
96	HD_171	与规划矛盾	专项规划	海淀河湖水系规划图	0.0005	0.1460
97	HD_172	与规划矛盾	专项规划	海淀河湖水系规划图	0.0000	0.0097
98	HD_173	与规划矛盾	专项规划	海淀河湖水系规划图	0.0000	0.1171
99	HD_174	与规划矛盾	专项规划	海淀河湖水系规划图	0.0000	0.0089
100	HD_175	与规划矛盾	专项规划	海淀河湖水系规划图	0.0000	0.0083
101	HD_176	与规划矛盾	专项规划	海淀河湖水系规划图	0.0000	0.0079
102	HD_177	与规划矛盾	专项规划	海淀河湖水系规划图	0.0000	0.0083
103	HD_178	与规划矛盾	专项规划	海淀河湖水系规划图	0.0000	0.0187
104	HD_179	保持生境完整性	衔接自然边界	2013年度土地利用现状数据、林业小班数据	0.0004	0.1012
105	HD_180	保持生境完整性	衔接自然边界	林业小班数据	0.0005	0.0973
106	HD_181	保持生境完整性	衔接自然边界	林业小班数据	0.0037	0.2746

序号	唯一编码	校核类型	具体原因	校核依据	面积/km²	周长/km
107	HD_182	保持生境完整性	衔接自然边界	林业小班数据	0.0002	0.0862
108	HD_183	保持生境完整性	衔接自然边界	2013 年度土地利用现状数据	0.0004	0.0893
109	HD_184	与行政边界保持一致	增补到边界	年最终国标 XZQ 区县界限 20170927	0.0097	0.5845
110	HD_185	保持生境完整性	连通性调整	海淀河湖水系规划图	0.0167	4.9430
111	HD_186	与规划矛盾	专项规划	海淀河湖水系规划图	0.0000	0.1241
112	HD_187	与规划矛盾	专项规划	海淀河湖水系规划图	0.0052	3.9996
113	HD_188	与规划矛盾	专项规划	海淀河湖水系规划图	0.0002	0.0651
114	HD_189	与规划矛盾	专项规划	海淀河湖水系规划图	0.0000	0.0190
115	HD_190	与规划矛盾	专项规划	海淀河湖水系规划图	0.0003	1.3230
116	HD_191	与规划矛盾	专项规划	海淀河湖水系规划图	0.0122	0.5314
117	HD_192	与规划矛盾	专项规划	海淀河湖水系规划图	0.0260	2.2484
118	HD_193	保持生境完整性	衔接自然边界	禁止开发区域、生态涵养区、发展区、拓展区	0.0000	0.0355
119	HD_247	保持生境完整性	衔接各类保护区边界	禁止开发区域、生态涵养区、发展区、拓展区	0.0035	0.4197
120	HD_248	保持生境完整性	衔接各类保护区边界	北京市森林公园、2013 年度土地利用现状数据	0.0133	0.6781

序号	唯一编码	校核类型	具体原因	校核依据	面积/km²	周长/km
121	HD_257	保持生境完整性	不规则边界	遥感影像数据	0.0000	0.0002
总计					**0.4493**	**59.3517**

附录C 海淀区生态保护红线现场勘界样例照片

PH20190220135417116051
8400353104.jpg

PH20190220135442116053
0400335336.jpg

PH20190220135547116051
5400355102.jpg

PH20190220135802116051
0400355104.jpg

PH20190220135922116073
6400648157.jpg

PH20190220135935116051
1400355064.jpg

PH20190220140001116051
1400355059.jpg

PH20190220140002116053
3400326108.jpg

PH20190220140116116051
0400357102.jpg

PH20190220140145116051
0400357108. jpg

PH20190220140211116050
9400357119. jpg

PH20190220140551116051
1400358097. jpg

PH20190305111837116051
8400655087. jpg

PH20190305112353116115
7400831117. jpg

PH20190305112710116115
6400836012. jpg

PH20190305112732116115
6400836023. jpg

PH20190305112839116115
6400839004. jpg

PH20190305113140116115
6400846356. jpg

PH20190305113555116115
6400855021. jpg

PH20190305113708116102
1400531272. jpg

PH20190305113745116115
5400859007. jpg

PH20190305113806116102
1400530241.jpg

PH20190305114058116102
1400530283.jpg

PH20190305114217116114
6400908345.jpg